Der Garten

Quelle neuer Energie und Inspiration

keith mitchell

Der Garten

Quelle neuer Energie und Inspiration

Aus dem Englischen übertragen von Wiebke Krabbe

Busse Seewald

Titel der englischen Originalausgabe:

Keith Mitchell,
The Garden Sanctuary
Verlag: Hamlyn Octopus
Imprint der
Octopus Publishing Group Ltd

ISBN 0 600 596877

Deutsche Ausgabe:

Übersetzung:
Wiebke Krabbe, Damlos
Redaktion:
Marianne Menzel,
Michelstadt
Herstellung:
Richard Brüll, Vlotho
Satz: Busse Druck, Herford
Gedruckt und gebunden:
Toppan, China

ISBN 3-512-03222-2

Die Deutsche Bibliothek – CIP-Einheitsaufnahme

Der Garten : Quelle neuer Energie und Inspiration /
Keith Mitchell.
Aus dem Engl. übertr. von
Wiebke Krabbe. –
Dt. Ausg. – Herford :
Busse Seewald, 2000
Einheitssacht.: The garden
sanctuary ‹dt.›

ISBN 3-512-03222-2

Die Sprache der Erde lernen

Die Feier der Natur im Garten

Nehmen wir einmal an, die Erde sei ein fühlendes Wesen, das auf geheimnisvolle Weise durch intelligentes Handeln, Anpassung und geschickte Taktik ihre Leben spendende Aufgabe erhalten und verteidigen könnte. Stellen wir uns weiter vor, dass wir die Sprache der Erde verstehen, mit ihr reden und sie sogar bei ihrer Aufgabe unterstützen könnten.

Dieses Buch haben Sie vielleicht in der Gartenliteratur-Ecke ihrer Buchhandlung gefunden. Doch es ist anders als andere Gartenbücher. Zwar finden Sie hier auch praktische Anregungen und Tipps, aber es ist kein Handbuch, das erklärt, wie man ein Staudenbeet anlegt oder Sträucher pflanzt und pflegt. Hier geht es um die Pracht und Artenvielfalt der Natur, um das harmonische Miteinander von Formen, Linien, Texturen, Farben und Mustern – um Gärten, die einzig zu dem Zweck angelegt wurden, die Stimmung zu heben und die Sinne anzuregen, mit denen ein persönliches Paradies entsteht, in dem man über den Sinn des Lebens meditieren kann.

Vom Wesentlichen zum Heiligen

Seit der Zeit der alten Ägypter über die Reiche der Perser und Mongolen, vom Taoismus Asiens bis zur europäischen Renaissance sind die Gärten um die Häuser der Menschen stets Orte für Rückzug, Besinnung, Erholung, Freude und geistige Regeneration gewesen. Bei einem Rückblick in die Geschichte sehen wir, dass viele Gärten durch den Anbau von Gemüse und Kräutern zunächst einen praktischen Zweck erfüllten. Doch bald drückten Gärten auch das Schönheitsideal aus, wurden zum Symbol des Göttlichen und Kreativen.

Das Paradies hinter der Gartentür

Die Beziehung zur Natur spüren

In unserem postmodernen Leben, das von Künstlichkeit, Einsamkeit und Unterdrückung der Natur gekennzeichnet ist, erkennen immer mehr Menschen ihr Bedürfnis nach geistiger Erholung. Die Verstädterung hat uns zu introvertierten Wesen gemacht. Der Trost, den viele früher in der Kirche oder im Glauben fanden, fehlt den meisten von uns. Wir verlieren unser Gefühl für die Verhältnismäßigkeit, für die Möglichkeiten des Lebens und die Verbindung zu einem größeren, umfassenderen Wissen, das unserem Leben Bedeutung geben könnte. Viele Menschen beginnen zu glauben, dass dieses Unbehagen ein erstes Alarmzeichen des Unterbewusstseins ist. Eine innere Stimme sagt uns, dass Naturverbundenheit, Frieden und geistige Klarheit nicht nur erstrebenswert sind, sondern natürliche und gesunde Bestandteile des menschlichen Bewusstseins. Ohne sie fehlt uns etwas – deswegen müssen wir Wege finden, diese Ganzheit neu zu erschaffen, entweder in unserem Inneren oder, wenn dies zu schwierig scheint, in unserer nächsten Umgebung, unserem Zuhause.

Beginnen wir die Suche nach dieser Ganzheit, indem wir unsere Beziehung zur Natur erforschen. Wie werden wir vom Rhythmus der Jahreszeiten beeinflusst, wie können wir ihn für unser Wohlbefinden nutzen? Untersuchen wir auch vergangene Kulturen, die mit großem wirtschaftlichem, physischem und künstlerischem Aufwand Gärten als heilige und heilende Orte geschaffen haben. Betrachten wir die Elemente der Natur, das Licht und die Farben, Klänge, Düfte, Texturen und Formen. Wir werden Erklärungen dafür suchen, warum mitten in dem so unnatürlichen Leben unserer Zeit die Natur noch immer den Schlüssel zu Zauber und Geheimnis besitzt, und vielleicht die Antwort auf die immerwährende Frage finden, wer wir sind, woher wir kommen und was der Sinn unseres Lebens ist.

Wechselnde Beziehungen

Vielleicht gibt es aber ein noch dringenderes Anliegen. Da wir uns immer weiter von unserer natürlichen Lebensweise entfernen, sendet die Natur immer neue Warnsignale.

Tausende von Seen und Wäldern sterben durch sauren Regen. Das Ozonloch führt zu immer mehr Hautkrebserkrankungen. Der Treibhauseffekt, entstanden durch Kohlendioxid, das beim Verbrennen fossiler Brennstoffe frei wird, führt zu einer Veränderung der globalen Wetterverhältnisse. Zehntausende von Tierarten verschwinden unwiderruflich durch das Abholzen der tropischen Regenwälder. Unersetzbarer Humus geht durch moderne Ackerbautechniken verloren. Diese und andere Warnsignale drohen eine Apokalypse an, die wir nur verhindern können, wenn wir unsere Beziehung zur Natur schnell und grundlegend ändern.

Entwerfen Sie Ihren heilenden Garten

Wer heute ein individuelles Gartenparadies schaffen will, muss dem Umweltschutz bewusst Rechnung tragen, mit natürlichen Ressourcen behutsam umgehen, heimische Tiere erhalten und schützen. Vor allem aber sollte man das alte Wissen über die vielen Umweltfaktoren nutzen, die nicht nur Auswirkungen auf die Gesundheit des einzelnen Menschen, sondern des gesamten Planeten haben. Fügt man all dies zu einer individuellen und globalen Therapie, zu einer Feier der Natur zusammen, kann man sich seinen heilenden Garten schaffen, ein privates Paradies, das für positiven Wechsel und tägliche Regeneration sorgt.

Gärten rund ums Jahr

Der Garten als Metapher

Jeder Gärtner weiß, wie wichtig es ist, den Rhythmus der Jahreszeiten zu kennen. Die Veränderungen des Klimas und des Sonnenstandes haben aber auch eine tiefere Bedeutung. Sehen Sie sich den jahreszeitlichen Wechsel in Ihrem Garten und in der Natur genauer an: Die Jahreszeiten sind auch eine Metapher für unser eigenes Leben. Am Anfang steht die Saat, auf die Geburt folgt eine Zeit, in der sich die wesentlichen Merkmale des Charakters herausbilden – bis zur Fortpflanzung durch den eigenen Samen. Wie der Garten reift auch der Mensch. Am Ende steht dann der Verfall, auf den eine neue Generation folgt.

Der Garten ist nicht nur ein praktisches Arbeitsfeld, er ist eine Hilfe bei der Suche nach unserem eigenen Potenzial, und wenn wir die Vorgänge des Lebens verstehen, werden wir mehr Freude an ihnen finden.

Über viele Jahre war die gemeinsame Begeisterung für das Gedeihen von Blumen und Früchten der wichtigste Faktor, der uns das Leben der Natur näher brachte. Wir wissen, dass wir mit der Natur arbeiten müssen – und nicht gegen sie. Wenn wir jedoch einen heilenden Garten schaffen wollen, brauchen wir ein tieferes Verständnis der Natur. Um die uralte Idee des Gartens als Paradies modern zu interpretieren, müssen wir neben den Symbolen und Erfahrungen der Vergangenheit auch das richtige Umweltbewusstsein mit in unsere Überlegungen einfließen lassen. Beginnen wir die Gestaltung unseres Gartens mit einer Erkundungsreise durch die vielen Traditionen und Bräuche, die mit den Jahreszeiten verknüpft sind.

Zuordnung der Elemente zu den Festen des Jahreslaufs

Zuordnung der Farben zu den Festen des Jahreslaufs

Zuordnung der Gefühle zu den Festen des Jahreslaufs

»Wenn die große Erde den Tag verlässt, entrollen sich die Tiefen des Himmels und des Universums, und neue Türen öffnen sich dem menschlichen Geist… Einen nächtlichen Moment lang erahnen wir, dass unsere eigene Welt nur eine Insel in einem Strom von Sternen ist…«

Henry Beston,
amerikanischer Schriftsteller
und Naturforscher

Zuordnung von Gartenobjekten zu den Festen des Jahreslaufs

Zuordnung von Bewegung zu den Festen im Jahreslauf

Zuordnung der Körperteile zu den Festen im Jahreslauf

Auf den folgenden Seiten werden wir die Jahreszeiten genauer ansehen, mit ihrer allgemeinen wie persönlichen Bedeutung und ihren traditionellen Festen. Durch bestimmte Arbeiten im Garten, das Beobachten von Tieren und jahreszeitlich abgestimmte Meditationen können wir unsere Energien und Erwartungen in Einklang mit der Natur bringen.

Winter

– Gefühl des Unvollständigen

In Japan kennt man den Begriff des *fusoki-shugi*. Er bezeichnet die Ästhetik des Unvollständigen, die Schönheit dessen, was weggelassen wurde, was nicht mehr da ist oder was noch kommen wird. In unserem nördlichen Klima, wo der Winter deutlich Ende und Anfang zugleich ist, bekommt dieser Begriff eine besondere Bedeutung.

Im Garten haben wir den Boden gesäubert, gedüngt und Pflanzen heruntergeschnitten, die nach der Energieexplosion des Sommers erschöpft waren. Nun warten wir, wissend, dass die Magie von Tod und Wiedergeburt unsichtbar vor sich geht.

In der Pracht von Sommer und Herbst kann jeder Garten gut aussehen. Doch nur im kahlen Winterkleid kann man seine Struktur erkennen. Entdecken Sie diese Schönheit und pflegen sie – dann ergibt sich der Rest fast von allein.

Meditationstechnik

Glauben Sie niemandem, der Ihnen erzählt, Meditation sei schwierig oder eine geheime Kunst. Wenn Sie es zu Ihrem Vergnügen tun und einige einfache Regeln befolgen, wird sie Ihnen gut tun. Hier lernen Sie eine hilfreiche Technik kennen. Setzen Sie sich für alle folgenden Meditationen an ihren Lieblingsplatz im Garten, schließen Sie die Augen und gehen Sie in sich. Zählen Sie zuerst Ihren Atem. Zählen Sie bis zehn und atmen Sie dabei tief ein. Zählen Sie bis sieben und halten Sie solange den Atem an, dann atmen Sie 12 Sekunden vollständig aus. Nach einer Pause von sieben Sekunden beginnen Sie von neuem. Üben Sie zu beliebigen Zeiten und achten Sie darauf, dass Sie bequem sitzen oder liegen. Entspannung ist das Ziel, und wenn Ihnen anfangs andere Gedanken in den Sinn kommen, zählen Sie ruhig weiter.

Wintermeditation

Setzen Sie sich an Ihren Lieblingsplatz im Garten und packen Sie sich warm ein. Zählen Sie zuerst Ihren Atem, schließen Sie die Augen und entspannen Sie sich. Geben Sie, nachdem Sie ganz entspannt sind, den folgenden Gedanken Raum:

Der Akt der Schöpfung ist ein Wunder. Er ist voller Freude und Kraft, unvorstellbar und doch geschehen. Ist die Grundform richtig, wird aus das Endergebnis stimmen, jedes Einzelne gehört zum Ganzen, zu allem, was geschehen wird.

Stellen Sie sich zunächst die Grundform vor, denken Sie an gelungene Gartengestaltungen, entweder eigene oder solche von Fachleuten.

Wo lagen im Garten die Erfolge und Fehler des letzten Jahres? Wissen Sie, warum? Was war falsch in Ihrer Planung, was war gelungen? Erfüllten diese Erfolge ein persönliches Bedürfnis, ergänzten sie andere Elemente des Gartens? Können Sie dies genauer bestimmen? Wenn Sie beispielsweise beschlossen hatten, Kiesel in den Garten zu integrieren, die bei Trockenheit Wasser speichern, das Wachstum von Moosen anregen oder Farbakzente setzen, haben sie ein Bedürfnis erfüllt. Es muss nicht kompliziert sein, oft ist die Lösung ganz einfach. Mit dieser Übung können Sie ein Gefühl für die Stimmigkeit der Gestaltung entwickeln.

Winter Traditionen und Bräuche

Der Winter beginnt zu Allerheiligen. Es markiert das Ende der Erntezeit und der hellen Jahreshälfte. Nun ist es noch ein achtel Jahr bis zum kürzesten Tag der Jahres. Halloween, der Abend vor Allerheiligen, ist eine Nacht zwischen den Welten, und es heißt, dass ein Riss in der Zeit unser Unterbewusstsein öffnet, und uns für Visionen und Inspirationen empfänglich macht, die uns über die nun folgende Zeit helfen.

Laden Sie Freunde ein. Zünden Sie im Garten Kerzen oder ein Feuer an und erzählen Sie alte Geschichten. Richten Sie zu der symbolischen Mahlzeit so viele Erntefrüchte des Jahres wie möglich an, und vergnügen Sie sich dann mit Spielen, die diese Früchte ehren, wie Apfelbeißen oder Apfeltanz.

Im Winter schläft die Natur wie eine uralte Eibe. Sie wächst so langsam, dass sie in ihrer Ruhe zur Verkörperung von Tod, Unsterblichkeit und neuem Leben wird.

Die Wintersonnenwende ist die Zeit der kürzesten Tage und der längsten Nächte des Jahres. In dieser großen Dunkelheit steht alles Wachstum still. Doch unter diesem Schutzmantel wird auf geheimnisvolle Weise der Keim neuen Lebens geboren. Von jetzt an werden die Tage länger, die ersten Funken leuchten im Dunkel. Setzen Sie sich in einer symbolischen Zeremonie an einen Platz am Wasser, entzünden Sie eine Kerze und wachen Sie bis zur Dämmerung.

Weihnachten wird das göttliche Kind, das Licht der Welt, geboren. Das Fest bringt neue Hoffnung. Singen Sie Weihnachtslieder und tanzen Sie. Traditionell dekorieren wir Bäume, doch auch andere Pflanzen eignen sich. Hängen Sie Glöckchen auf, dazu goldenes oder silbernes Lametta, um das wenige Licht einzufangen und zu reflektieren. Lassen Sie auf der Spitze einen Stern funkeln.

Imbolc, Lichtmess oder **St. Brigitta** ist das Fest der Fruchtbarkeit und des Lichts, das sich erneuert und verjüngt. Die kreative Energie wächst. Die traditionelle Spiral-Polonaise, die bei traditionellen Frühlingsfesten getanzt wird, ist Sinnbild für den noch ungeformten, kreativen Drang. Als Mahlzeit gibt es Früchte aus der vorjährigen Ernte, in neuen Töpfen zubereitet.

Winter Tiere im Garten

In dieser Jahreszeit ist der Garten eine Zuflucht für hungrige Vögel, die in ihren Winterquartieren leben. Obwohl an den Hecken noch allerlei Beeren hängen, beginnt die Zeit der Fütterung. Heimische Säugetiere sind in Wäldern und Hecken noch aktiv. Nach Einbruch der Dunkelheit besuchen sie auch die Gärten.

Es mag frostig kalt sein, doch unter der Oberfläche herrscht noch viel Leben. Räumen Sie nicht zu gründlich auf, lassen Sie einige Stauden in den Beeten auf natürliche Weise abwelken. Unter Blättern und Zweigen finden Spinnen, Insekten und sogar kleine Säugetiere Unterschlupf. Richten Sie in einer ruhigen Gartenecke ein Winterquartier aus Holz oder Steinen für Insekten, Reptilien und Säugetiere ein.

Winter Gartenarbeiten

Häufen Sie das Herbstlaub in einem Maschendrahtgatter auf, drücken Sie es zusammen und begießen Sie es. Nach einem Jahr haben Sie guten Mulch oder Kompost. Pflanzen Sie Zwiebelblüher für den Frühling. Denken Sie an den Komposthaufen. Im Herbst wurde er umgesetzt oder abgetragen, nun wird er wieder aufgebaut. Er produziert auch im Winter Wärme und ist daher ein guter Platz für frühe Saat. Ein Komposthaufen, und sei er noch so klein, ist das beste Beispiel für das Entstehen neuen Lebens aus altem. Wenn das Wetter es erlaubt, ist jetzt die beste Zeit zum Pflanzen, Umsetzen und Düngen von Bäumen, Rosen und Sträuchern. Decken Sie empfindliche Pflanzen ab und schneiden Sie abgestorbene Zweige aus. Im Haus oder im Gewächshaus wird die erste Saat gelegt. Der Boden im Freien kann umgegraben, gedüngt und vorbereitet werden.

Frühling

– die belebende Kraft der Natur

Die belebende Kraft der Natur im Frühling ist wahrscheinlich die deutlichste Metapher für unsere tiefe Beziehung zur Natur und ihren Wandel. Im Frühling tritt die latente Kraft des Vorjahres zu Tage, die sich unerschüttert in den Keimen und Samen erhalten hat. Wenn das neue Wachstum sich zeigt, präsentiert sich die Natur wieder einmal als Sieger. Die Tage werden länger und erwärmen sich langsam. Die ersten gelben Blüten wirken auf die Insekten wie ein Leuchtfeuer. Auch wir reagieren auf das Licht, spüren neue Kraft und sehen nach der dunklen, nach innen gekehrten Zeit des Winters die Welt mit neuen Augen.

Nicht umsonst sagt man, dass die Liebe im Frühling neu erblüht. Unser Horizont erweitert sich, wir drängen ins Freie, wollen uns bewegen, reisen, die Grenzen unserer winterlichen Inselwelt überschreiten.

»Über uns war der Himmel, übersät mit Sternen. Wir legten uns gern auf den Rücken, sahen hinauf und redeten darüber, wie sie wohl entstanden und ob es ein Zufall war.«

Mark Twain

Frühlingsmeditation

Lesen Sie noch einmal die Meditationstechnik auf Seite 16. Setzen Sie sich auf Ihren Lieblingsplatz im Garten. Atmen Sie tief und entspannen Sie sich. Wenn Sie bereit sind, geben Sie den folgenden Gedanken Raum.

Jetzt stehen besondere Aufgaben an: Aussaat, Pflanzung und Vermehrung für das kommende Jahr. Wir müssen uns frei fühlen, die Motivation zur Arbeit spüren und uns unserer eigenen Fähigkeiten und Neigungen sicher sein. Überlegen Sie sich einen Zeitpunkt in der Zukunft, zu dem alle Ihre kreativen Kräfte verfügbar sind.

Wünschen Sie sich etwas und fragen Sie sich, wo und wann Sie es verwirklichen können. Was ist Ihnen wichtig? Lassen Sie Ihrer Fantasie freien Lauf, setzen Sie sich keine Grenzen. Wie fühlt es sich an, so viel erreicht zu haben? Was bedeutet es für Sie, was für andere? Wenn Sie möchten, schreiben Sie Ihre Gedanken auf. Aber machen Sie sich im Augenblick keine Sorgen, wie all das zu verwirklichen wäre.

Entwickeln Sie eine Zukunftsvision. Konzentrieren Sie sich in Ihrer Fantasie nur auf die Einzelheiten, seien Sie ganz hemmungslos. Gehen Sie so weit, sich den Schmetterling vorzustellen, der aus der Larve Ihrer Fantasie schlüpft. Und haben Sie keine Angst, auf und davon zu fliegen.

Frühling Traditionen und Bräuche

Zu den **Frühlingsequinoxien** überquert die Sonne den Äquator. Der Gott der Erde ist gestorben, wird wieder geboren und erhebt sich mit einem Ausbruch von Licht und Freude, um sich aufs Neue mit seiner göttlichen Geliebten zu vereinigen. In vielen Weltreligionen endet traditionell die Zeit des Fastens und der Reinigung. Eine Zeit der Feste beginnt, in der um künftige Fruchtbarkeit gebetet wird. Es gibt viele Spiele und Zeremonien, die den Wechsel feiern, und zahlreiche Symbole wie das Ei und den Hasen, die für die Fruchtbarkeit des neuen Lebens stehen.

Die Samen von Erlen, die in feuchten Gegenden wachsen, treiben flussabwärts, um an anderen Plätzen neue Wälder wachsen zu lassen.

Der wichtigste Tag ist der **Maifeiertag** oder das Beltane-Fest, das den Frühling beendet und den Sommer einläutet. Es ist seit jeher eines der großen Feste, weil es den Beginn der hellen Jahreshälfte markiert.

Begrüßt mit Frühlingsblumen und Symbolen von Jugend und Sexualität erwacht am Vorabend die keltische Gottheit Mab, Königin der Elfen, aus ihren Schlaf. Traditionell entzündet man ein Feuer, um das bei Sonnenaufgang getanzt wird. Es ist Brauch, drei Mal über die Flammen zu springen. Man isst Kuchen, der bei Vollmond gebacken wurde und trinkt jungen Wein oder Cider. Ein stilles Gebet wird an einem besonderen Gewässer gesprochen, dann wäscht man sich still oder trinkt daraus. Sorgen Sie frühmorgens für Sommerstimmung. indem Sie alles mit blühenden Blumen schmücken. Tanzen Sie am Abend um einen bestimmten Baum, Strauch oder Stein, der als Symbol für den Sommer steht. Einem alten Brauch zufolge soll man um das Haus laufen und dabei einen Zweig der Weide, dem symbolischen Baum dieses Monats, bei sich tragen. Dann wird der künftige Liebste nach dem anderen Ende des Zweiges greifen.

Frühling Tiere im Garten

Wenn zu Beginn des Frühlings die Tage länger werden, wird auch das morgendliche Konzert langsam lauter – die männlichen Vögel sind auf der Balz. Selbst in einem kleinen Stadtgarten wird man bei entsprechenden Voraussetzungen mindestens ein nistendes Vogelpaar finden. Auch bei mildem Wetter wird weiterhin gefüttert, denn in dieser Zeit bauen die Tiere ihre Kräfte auf. An milden Tagen kommen Frösche und Kröten hervor. Schmetterlinge erwachen bei den ersten Sonnenstrahlen zum Leben. Hasel und Erlen tragen Kätzchen, der Boden schmückt sich mit einem Teppich aus Zwiebelblühern, Schöllkraut und Veilchen, die den Insekten reichlich Nahrung bieten. Vögel ziehen gern in den Garten ein, wenn sie dort Nistmaterial finden. Es keimt in den Blumenbeeten und auf dem Kompost, der Frühling zeigt sich mit bunter Blütenfülle, Frost und Schnee können das Erwachen des Lebens nur kurz verzögern. Wenn der Frühling weiter fortschreitet, kommen die ersten Zugvögel zurück und die Säugetiere, die unter der Erde zur Welt gekommen sind, öffnen die Augen und sammeln Kraft, um ans Licht zu kommen.

Frühling Gartenarbeiten

Es ist die Zeit zum Pflanzen und zum Vorbereiten des Bodens. Und es ist auch die Zeit, Zweige zu schneiden, um Blüte und Wachstum anzuregen und zu okulieren. Durch Umtopfen und Aussaat im geschütztem Frühbeet gewinnen Sie einen Vorsprung, bis die Erde sich erwärmt hat. Düngen und mulchen Sie das frische Wachstum. Beginnen Sie mit dem Auspflanzen, sobald das Wetter es erlaubt, teilen Sie die Stauden und pflanzen Sie Topfpflanzen um. Schützen Sie Frühblüher vor eventuellen Kälteeinbrüchen und sorgen Sie für Pflanzstützen. Jetzt kommt die Zeit, das, was Sie sich im Winter vorgenommen haben, in die Tat umzusetzen.

Sommer

– *Triumph des Lichtes über die Dunkelheit*

Das Tempo wird schneller, die Sonne setzt zu ihrem strahlenden Höhenflug an, das Licht triumphiert über die Dunkelheit. Alles Leben nutzt die Gelegenheit zum Blühen und Früchte tragen, die Energien steigen bis an die Grenzen, erfüllt von schöpferischer Kraft. »Man soll Heu machen, solange die Sonne scheint« ist nicht nur eine Redensart, sondern eine praktische und notwendige Überlegung. Bei aller Üppigkeit und Fülle, mit Farben und Wachstum auf ihren Höhepunkt, treibt es die Natur, zu blühen und Samen auszubilden, um die Kontinuität des Lebens aufrecht zu erhalten. Der Sommer ist geprägt von dieser Fülle, und die wichtigste Aufgabe ist ihre Pflege, umso für eine gute und gesunde Ernte zu sorgen. Die Sonne wärmt, es ist die Jahreszeit des Feuers und der überschäumenden Freude. Alles ist offen und voller Leben, die feuchtwarme Luft manchmal schwer und überwältigend.

Vorbereitung des Agnihotre

Für das Agnihotre, die »Reinigung der Atmosphäre« müssen einige Dinge vorbereitet werden. Im traditionellen Hinduismus verwendet man eine Metallschale, in der ein kleines Feuer entfacht wird. Sammeln Sie viele dünne, trockene Zweige als Zunder. Sie verbrennen schnell, und Sie brauchen eine heiße Flamme zum Verbrennen von getrockneten Ringelblumen- oder Johanniskraut-Blüten. Sie stehen als Symbol für Gold, Sonne und Licht. Man kann auch andere Blüten und Kräuter verbrennen, wie getrockneten Salbei, oder Samen, die Sie von der Ernte des vergangenen Jahres aufbewahrt haben.

Rufen oder singen Sie Wörter oder Laute, die Ihnen passend erscheinen, um Ihren Wunsch nach Reinigung der Atmosphäre zum Ausdruck zu bringen.

Sommermeditation – das Agnihotre

Setzen Sie sich an Ihren Lieblingsplatz im Garten, vielleicht in der südlichen Ecke. Schließen Sie die Augen, gehen Sie in sich und zählen Sie Ihren Atem, bis Sie sich entspannt fühlen. Dann gehen Sie den folgenden Gedanken nach.

Der Akt der Schöpfung erzeugt große Veränderungen in der Welt. Alles ist davon betroffen – die Natur, Gegenstände, Bräuche und Gewohnheiten. Fülle und Energie des blühenden Lebens können auch für Verwirrung sorgen. Ein Reinigungsritual schafft Klarheit. Es muss Raum für gesundes Wachstum geschaffen werden. Im Garten ist damit Jäten und Auslichten gemeint, um produktive Wachstumsbedingungen zu schaffen.

Der Zyklus des Wachstums, vom Samen, der in die Erde fällt, über die Blüte und Frucht bis zur Reife des neuen Samens ist ein Prozess der Verwandlung. Damit er auch äußerlich sichtbar wird, muss er von einer inneren Wandlung begleitet werden. In den Meditationen für Winter und Frühling haben wir den Boden vorbereitet. Auf Ruhe und Beschaulichkeit folgte das Sammeln von Kraft und Motivation. Als Symbol dafür zünden wir am Ende der Meditation ein kleines Feuer an, um die Atmosphäre reinigen.

Inzwischen denken wir über die Veränderungen nach, die im Garten stattgefunden haben. Denken Sie daran, wie die Jahreszeiten diese Metamorphose vorantreiben oder verzögern. Denken Sie an die Auswirkungen der Umweltverschmutzung auf das Wachstum der Pflanzen und auf die Nahrung, die wir zu uns nehmen. So wie Sie im Garten für gute Ergebnisse durch Jäten, Auslichten und Wässern sorgen, stellen Sie sich nun in der Meditation eine reinigende Flamme vor, die hell, stark und aufrecht brennt und so die Luft, mit der sie in Kontakt kommt, verändert.

Die Atmosphäre mit einer heiligen Flamme reinigen – die Agnihotre-Zeremonie

Im Hindusimus kennt man ein Ritual, *Vajna*, das die reinigende Wirkung des Feuers auf die Atmosphäre beinhaltet. Durch das Feuer wird nichts zerstört, sondern nur verändert. »Nährstoffe werden in die Atmosphäre freigesetzt«, und dadurch die Sonnenstrahlen besser absorbiert. »Pflanzen, die im Agnihotre oder in einer gereinigten Atmosphäre wachsen, haben eine heilende Wirkung auf Körper und Geist.«

Nachdem Sie über diese Aussage nachgedacht haben, möchten Sie vielleicht diese Tradition wieder beleben, die in vielen Kulturen gepflegt wird. Entfachen Sie ein kleines Feuer, um die Atmosphäre zu reinigen.

Herbst

– *Kraft zum Reifen*

Der Spätsommer, die Zeit des **Lammas**-Festes, ist beinahe eine eigenständige Jahreszeit, mindestens aber eine Kombination verschiedener Charakteristika. Es scheint, als ob die letzten zehn Tage jeder Jahreszeit etwas Eigenes wären. Bei solchen Veränderungen ist es wichtig, gut »geerdet« zu bleiben, also den Kontakt zur Erde nicht zu verlieren.

Unsere Stabilität im Leben ist eine ruhige Kraft, die durch unsere Standhaftigkeit auf der Erde bestimmt wird. Ordnung und Harmonie der Erde wirken von innen, sie bauen die mineralischen Rohstoffe auf, die nötig für das Gerüst sind, das die reiche Ernte trägt. In unserem Garten soll es nichts Unerwünschtes geben – kein totes Holz, keine Krankheiten, sondern nur die süßen Düfte der Früchte, den deutlichen Beweis schöpferischer Kraft. Jetzt zeigt sich die Natur von ihrer reichsten Seite. Und in der reifen Fülle liegt bereits der Same für die nächste Generation.

Die Tage sind jetzt ebenso lang wie die Nächte. Die Macht der Dunkelheit nimmt zu, doch die Ernte bietet Trost. Man sammelt, pflückt und konserviert bis in die Abendstunden, um sich einen Wintervorrat anzulegen.

»Es lebte ein Seemann, den wir alle kennen, der hatte viele Dinge, die er tun wollte. Doch wann immer er dachte, jetzt fang ich es an, fühlte er sich dazu nicht fähig.«

A. A. Milne

Herbstmeditation

Lesen Sie noch einmal die Meditationstechnik auf Seite 16. Wir alle würden in unserem Leben gern mehr spontane Kreativität entfalten. Doch selbst wenn wir ruhiger und selbstsicherer werden, brauchen wir dafür wohl neue Wege und neue Einsichten.

Als der Querdenker Edward de Bono über das Lösen von Problemen nachdachte, erfand er das »Po«. Das ist weder ja noch nein, sondern ein Schwebezustand des Wartens, Urteilens und Sammelns von Informationen. Dabei gilt es, auch ungewohnte Aspekte zu überdenken, ohne das Wesentliche aus den Augen zu verlieren oder sich von überkommenen Meinungen beeinflussen zu lassen. Löst man sich von der fixen Idee, alles und jedes sofort lösen zu wollen, gewinnt man Raum für neue Wege.

Stellen Sie sich vor, Sie blasen einen riesigen Ballon auf. Jedes Pusten steht für einen Teil einer Idee oder eines Plans, den Sie verwirklichen wollen. Vielleicht ist es der perfekte Garten? Pusten Sie weiter. Sie müssen sich jetzt nicht damit beschäftigen, ob die Wünsche zusammenpassen oder erfüllbar sind. Blasen Sie alle Wünsche in den Ballon und überlegen Sie, warum jeder Einzelne für Sie eine spezielle Bedeutung hat.

Begnügen Sie sich nicht mit einem Ballon – nehmen Sie einen zweiten mit einem anderen Thema. So tragen Sie schließlich möglicherweise mehrere Ballons mit sich herum, und wenn die Ballons weiter anschwellen, werden Sie erstaunt feststellen, dass sie eine enorme Kraft entwickeln und mit Ihnen davonfliegen könnten.

Herbst Traditionen und Bräuche

Lammas oder **Lugnasadh** ist der Beginn der Erntezeit, der Wechsel von Blüte zu Frucht. Das Fest der Getreide-Göttin Demeter feiert man zu Beginn der Kornernte. Dann folgt die Ernte der Früchte und Beeren. Viele Traditionen und Feste im »Erntemond« haben auch mit dem Wetter zu tun: Sie sollen Stürme abwehren, bis die Ernte eingebracht ist. Wieder hat das Licht besonderen Symbolcharakter, schon weil das natürliche Licht langsam abnimmt. Lammas ist auch die Zeit der »Reiserituale« – man begibt sich auf Pilgerfahren oder wandert durch Labyrinthe, die ein weiteres Symbol der Veränderung sind. Auf dem Weg nach innen lässt man Gegenwart und Vergangenheit mit jeder Biegung etwas mehr hinter sich und tritt wieder geboren und gestärkt heraus. Ein festliches Essen, bereitet aus Weizen oder Gerste sowie frischen Gemüsen ist eine angemessene Art, diese Zeit mit Freunden im Garten zu feiern.

In England erzählt man sich die Geschichte der Lady Godiva, die nackt und hoch zu Ross den Kornkönig verfolgte und die armen Leute im Kampf gegen die hohen Steuern unterstützte.

Wenn die Nüsse sich runden, wird der Hasel zum Symbol für geballte Weisheit. Seeleute trugen früher einen Haselzweig zum Schutz vor schlechtem Wetter bei sich. Der schnellwüchsige Strauch wird für viele Zwecke verwendet, vor allem zum Flechten von Körben, Zäunen und Dachmatten. Obwohl ein einzelner Strauch nur etwa 40 Jahre alt wird, kann ein Haselwäldchen bis zu 1000 Jahre lang bestehen.

Der **Apfel** taucht als Symbol der Begierde und der Liebe in vielen Kulturen auf. Früher machte man in Europa Wein und Gelee aus Holzäpfeln. Die kultivierten Verwandten lassen sich im Nahen Osten 4000 Jahre zurückverfolgen. Es heißt, dass Liebesgeschichten, die von Hand auf einen Papierstreifen geschrieben und an einen Apfelzweig gehängt werden, in Erfüllung gehen.

Während der **Herbstequinoxien** ist der Höhepunkt der Ernte, Beeren und Früchte gesellen sich zu den Kornvorräten. Das Ende der hellen Jahreshälfte steht bevor, im letzten Achtel müssen die Arbeiten des Jahres vollendet werden. Legendär ist die Traubenernte, an die sich ein achttägiges Ess- und Trinkgelage anschließt. In kühleren Gegenden steht die Brombeere für die Trauer über den Tod der Vegetation am Ende des Sommers. Adonis, der junge Gott der Erde, ist gestorben. Nun steht ihm eine ungewisse Reise durch den tiefen Winter bevor. Auf einer silbernen Bahre wird er durch die Straßen getragen, geschmückt mit Früchten und Kerzen, die ihm als Nahrung und Licht auf seiner Reise dienen sollen.

Der Vollmond zur Erntezeit ist ein heidnischer Festtag, der mit Intuition, Fantasie und Magie in Verbindung gebracht wird. Dieser Vollmond, der oft als der schönste des ganzen Jahres beschrieben wird, ist das Symbol für den Lebensrhythmus zwischen Himmel und Erde.

Herbst Tiere im Garten

Im frühen Herbst kann man die Tiere am besten beobachten. Das Wetter ist warm, wohin man schaut, sieht man Leben. Am auffälligsten sind die Insekten, die sich beim kleinsten Licht oder Windhauch regen. Oft ist die Nahrungskette klar zu erkennen – Mücken werden von Schwebfliegen, Marienkäfern und Libellen gefressen. Das kleinste Wasser lockt Vögel, Igel und Füchse an, die für einen Moment ihre Scheu vergessen, um zu trinken. Vögel sieht man eher selten, weil ihnen wegen der Mauser das Fliegen schwer fällt. Manche von ihnen bereiten sich auf den großen Aufbruch nach Süden vor. Grasmücken und Fliegenschnäpper gehören zu den ersten Vögeln, die sich auf die Reise machen.

Die Hecken prunken mit Hagebutten, Beeren, Pflaumen und Haselnüssen, an denen sich Motten, Insekten, Vögel und kleine Säugetiere gütlich tun. An dunstigen Vormittagen und warmen Nachmittagen kann man die Fülle des Herbstes genießen. Zu keiner Zeit des Jahres gibt es so viel Nahrung wie jetzt. Alle Lebewesen sammeln Kräfte und Vorräte für die bevorstehende kalte Jahreszeit. Wiesen und Wildpflanzen sterben langsam ab, oft beschließt der erste Frost diese Jahreszeit.

Herbst Gartenarbeiten

Dies ist die arbeitsreichste Zeit im Garten. Wer jetzt viel schafft, hat später weniger Mühe. Kräuter, Wurzeln, Samen und Früchte werden geerntet. Von Mitte Herbst an werden die Knollen aus dem Boden genommen. Winterharte Stauden, Bäume und Sträucher können gepflanzt werden. Halbverholzte Stecklinge setzt man in vorbereitete Erde – am besten nimmt man dafür kräftige Triebe. Immergrüne können gepflanzt und beschnitten, Kübelpflanzen umgetopft werden. Jetzt sollten Sie auch umgraben, düngen und mulchen. Der Frost bricht den Boden auf, sodass er bis zum Frühling alle zugeführten Nährstoffe aufnehmen kann. Im Spätherbst stellen Sie das Gießen langsam ein. Laub abwerfende Bäume und Sträucher werden in Form geschnitten. Kräuter können gepflanzt, Beete und Rabatten für die Frühlingspflanzung vorbereitet werden. Wenn man Zwiebelblüher steckt, sollte man den Knoblauch nicht vergessen – in Kübeln oder in gut vorbereitetem Boden. Auch Erdbeeren und Beerensträucher werden in jetzt gepflanzt.

Der Herbst ist die beste Zeit, um heimische Beeren und Samen für die Vermehrung zu sammeln. Das mag ein langwieriges und schwieriges Unterfangen sein, doch es macht viel Freude, die kleinen Sämlinge heranwachsen zu sehen. Wenn Sie ein Stück Garten mit kargem Boden haben, sollten Sie dort im Herbst eine Wildblumenwiese aussäen.

Nahrung für die Sinne

Farben, Düfte und Klänge für das Wohlbefinden

Oft scheint es unerklärlich, warum wir Blumen mit bestimmten Farben und Düften und sogar Mauern oder einen Teil des Gartens in speziellen Farben bevorzugen. Mögen wir diese Farben und Düfte einfach, oder hat die Wahl eine tiefere Bedeutung? Wir fangen an zu verstehen, dass der Appetit auf bestimmte Speisen oder bestimmte Vorlieben ein subtiler Hinweis des Körpers auf ein Bedürfnis nach Nährstoffen, Vitaminen oder Mineralien ist, die in dieser Speise enthalten sind. Ähnliche Bedeutung haben die Klänge der Natur. Jeder kennt das Vergnügen, an einem plätschernden Bach zu sitzen, dem Wind in den Bäumen oder Vogelstimmen zu lauschen.

Die moderne Forschung hat herausgefunden, dass Klänge, Farben und Aromen charakteristische Frequenzen oder Schwingungen aussenden, die im Gehirn verarbeitet werden und emotionale, mentale und sogar physiologische Wirkungen haben. Mit diesem Wissen können wir Farben, Düfte und Klänge für unseren Garten gezielt aussuchen, um die positiven Effekte für Gesundheit und Wohlbefinden auszuschöpfen.

Farbe – mehr als das Auge sehen kann

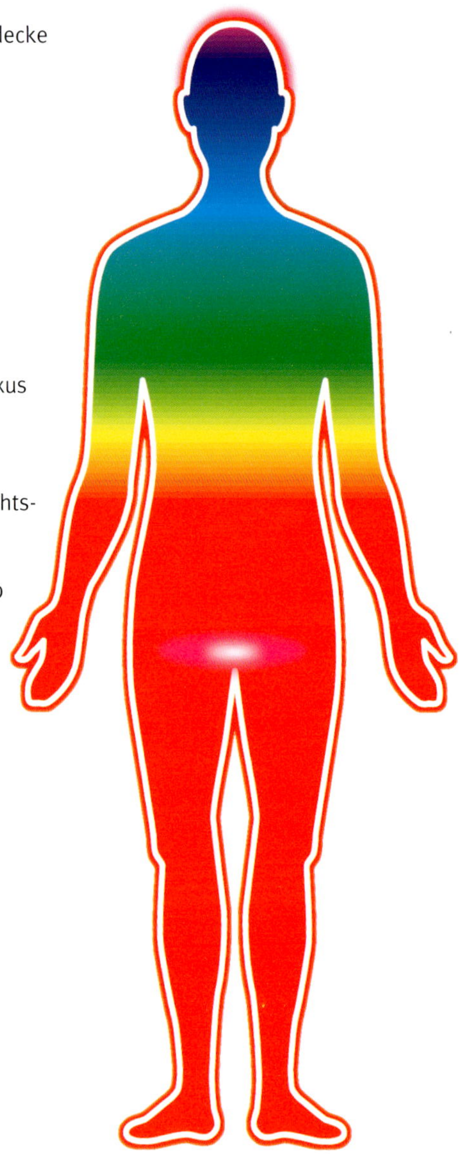

Ein großer Teil unseres Verhaltens, auch unsere Reaktion auf Farben, wird von starken Kräften gesteuert, derer wir uns nicht bewusst sind. Welche Farben empfinden wir als angenehm oder dem Wohlbefinden zuträglich, wenn wir unseren Garten bepflanzen?

Wenn Licht ins Auge fällt, hat jede Farbe eine andere physikalische Wirkung. Rot besitzt die größte Wellenlänge und wirkt darum intensiver. Grün verlangt vom Auge wenig Adaption, darum empfinden wir es als beruhigend. Die Netzhaut verwandelt die unterschiedlichen Wellen in elektrische Impulse, die an das Gehirn weitergegeben werden und schließlich den Hypothalamus erreichen, der die endokrinen Drüsen steuert, die wiederum Hormone ausschütten. So löst jede Farbe innerhalb von Sekundenbruchteilen chemische und physiologische Prozesse aus, die für uns als psychologische und körperliche Reaktionen spürbar werden.

Farbtherapeuten meinen, dass die verschiedenen Körperteile mit den gleichen Frequenzen schwingen wie bestimmte Farben. Der untere Teil des Körpers, von den Füßen aufwärts, entspricht Rosa und Rot, dann wechselt die Farbe über Orange im Bauchbereich zu Gelb um den Solarplexus. Herz und Brust wird Grün zugeordnet, dem Hals ein helles Blau, das zum Kopf hin dunkler und schließlich zu Violett an der Schädeldecke wird.

Die Augen schließen – und in Farben schwelgen

Haben Sie jemals mit geschlossenen Augen ein Feuerwerk verschiedener Farben gesehen? Weil wir Farben durch die Augen wahrnehmen und verarbeiten, halten wir dieses Phänomen gern für eine Täuschung. Die chemischen, hormonellen und psychologischen Reaktionen beweisen jedoch, dass Farbe auch etwas mit Gefühlen zu tun hat. Wir träumen, visualisieren und fantasieren in Farbe, obwohl wir dabei nicht wirklich sehen.

Die Wellenlänge jeder Farbe beinhaltet eine charakteristische Energie, ähnlich wie ein Ton. Farbe ist immer um uns, und – was vielleicht noch wichtiger ist – in uns. Die Kirlian-Photographie hat nachgewiesen, dass jeder Mensch eine farbige Aura besitzt, deren Farben sich je nach geistigem, emotionalem oder gesundheitlichem Zustand verändern. Die ganze Natur wird uns besser verständlich, wenn wir erkennen, dass diese Farben nur aus Photonen bestehen, winzigen atmosphärischen Partikeln, die auf unterschiedliche Oberflächen treffen und je nach Beschaffenheit dieser Oberfläche reflektiert oder absorbiert werden. Ein Objekt absorbiert nur diejenigen Photonen, die seiner Atomstruktur entsprechen. Das restliche Licht wird reflektiert – wir sehen es als Farbe. Jeder bevorzugt bestimmte Farben, was in der Heilkunde vieler Länder zum Schlüssel für die Gesundheit des Patienten wurde. Vielleicht absorbieren wir die Farben, die unserem Gesundheits- oder Gemütszustand entsprechen und reflektieren diejenigen, die nicht dazu passen. Daraus folgt, dass wir uns gern mit Farben umgeben, auch im Garten, deren Lichtpartikel wir in unserem Leben wünschen oder brauchen, weil sie eine wohl tuende Wirkung auf uns haben.

Auf den folgenden Seiten finden Sie verschiedene, alte und moderne Ansichten über die Wirkung von Farben auf Gesundheit und Wohlbefinden, dazu Hinweise, mit welchen Pflanzenkombinationen diese Farben im Blumenbeet optimal zur Geltung gebracht werden können. Auch Pflanzen mit symbolischer Bedeutung oder Heilkraft werden vorgestellt, ebenso Pflanzen mit einer »inneren« Farbe, die sich nicht in Blüten oder Blättern zeigt, sondern beispielsweise in ihrem ätherischen Öl.

Viele der genannten Pflanzen werden auch in der Heilkunde eingesetzt, was jedoch medizinische Kenntnisse erfordert. Ehe Sie also pflanzliche Stoffe als Heilmittel einnehmen, sollten Sie sich unbedingt von einem erfahrenen Heilpraktiker beraten lassen.

Rot und Rosa

Rot vermittelt wärmende, belebende Energie, es ist die Farbe mit der größten Wellenlänge. Rot steht für körperliche Stärke, Durchhaltevermögen, Vitalität und hilft uns, wenn wir uns müde, abgespannt oder deprimiert fühlen. Rot verbreitet Wärme im Körper, regt den Blutkreislauf an und unterstützt die Bildung roter Blutkörperchen. In der traditionellen chinesischen Medizin ist es die Farbe der Freude, der Erregung, der Sinnlichkeit und Erotik. Rot verhilft zu Zielstrebigkeit und stärkt Willenskraft wie Erdverbundenheit.

Rosa ist die ruhigere, zartere und femininere Variante von Rot. Es wirkt sanft wärmend und belebend und eignet sich darum besonders für junge, alte und geschwächte Menschen. Rosa besteht aus einer Mischung von rotem und weißem Licht, die anregende Wirkung ist sanfter als die des energiegeladenen Rot. Während Rot als maskuline Farbe gilt, bei der es um Überleben, um Kampf oder Flucht geht, ist Rosa eine feminine Farbe, der nährende und besänftigende Eigenschaften zugeordnet werden.

Um der Ausgewogenheit willen sollte keine Farbe übergewichtig sein. Rosa wirkt wärmend und anregend, doch es braucht den Kontrast von erfrischenden Grün- oder Blautönen.

Ehe Sie umblättern, um verschiedene rote und rosa Blumen kennen zu lernen, nehmen Sie sich Zeit für die Abbildungen auf dieser Seite. Schließen Sie die Augen und vertiefen Sie den Eindruck. Fühlen Sie, wie die Farben auf Sie wirken und welche Gedanken Ihnen dabei durch den Kopf gehen.

Rot und Rosa

Die Blüten

Ackergauchheil / *Anagallis arvensis*
Das Barometer des kleinen Mannes, denn die Blüten schließen sich an trüben Tagen oder am Nachmittag.
Rot – Frostempfindliche Einjährige, gedeiht in voller Sonne und auf allen durchlässigen Böden.

Balsamine / *Impatiens balfourii*
Die Orchidee des armen Mannes, dem Fleißigen Lieschen verwandt. Als Bachblüten-Essenz gegen Ungeduld.
Rot und Rosa – Neigt zum Wuchern, winterhart, Sonne oder Halbschatten in feuchtem, aber durchlässigem Boden.

Bartfaden / *Penstemon newberryi*
Die Blume der Kraft und Sicherheit blüht im frühen Sommer leuchtend rosa. Sie soll Menschen helfen, die vor Herausforderungen zurückschrecken.
Rosa – Gut für den Steingarten. Nach der Blüte zurückschneiden, bevorzugt volle Sonne und gut durchlässigen Boden.

Beinwell / *Symphythum officinale*
Fühlt sich im Wildgarten, wo er sich ungehindert ausbreiten kann, am wohlsten. In der alten Kräuterheilkunde wird die Wurzel zur Behandlung von Wunden und Verletzungen empfohlen. Nicht ohne fachmännischen Rat anwenden.
Rosa – Winterhart, bevorzugt Sonne oder Halbschatten und feuchten Boden.

Hahnenkamm / *Onobrychis viciifolia*
Im 17. Jahrhundert als Viehfutter verwendet, heute häufig am Straßenrand zu sehen.
Rosa – Winterharte, hohe Staude, bevorzugt Sonne und gut durchlässigen Boden.

Heidekraut / *Calluna vulgaris*
Die Blume des günstigen Schicksals. Als Bachblüten-Essenz einsamen Menschen verordnet.
Rosa – Meist winterhart, Sonne, nährstoffreiche, gut durchlässige Erde.

Hibiscus / *Hibiscus rosa sinensis; H. syriacus* (Zierarten)
In Asien die Pflanze der Liebe und der Anbetung. Köstlicher Tee, soll fürsorgliche und erotische Liebe in Einklang bringen.
Rot – Schwierig zu pflegen, wächst langsam. Am besten in einen Kübel pflanzen, der stets in die Sonne gerückt und bei Bedarf geschützt werden kann.

Holzapfel / *Malus sylvestris*
Eine gefährdete Pflanzenart. Der Bachblüten-Extrakt wird zur Entgiftung und Reinigung von Wunden – sowohl körperlichen wie seelischen – verwendet. Die Früchte sauer einlegen oder als pektinhaltige Basis für Marmeladen verwenden.
Rosa und Weiß – Ein kleiner, langsam wachsender Baum, der Sonne bevorzugt, alle Böden, jedoch keine Staunässe.

Hundsrose / *Rosa canina*
Die Blume der Liebe hat süß duftende Blüten. Ein Extrakt daraus wirkt infektionshemmend, fiebersenkend und entgiftend. Die Hagebutten sind mühsam zu verarbeiten, enthalten aber viel Vitamin C.
Rosa – Zahlreiche Sorten, meist winterhart, offene, sonnige Lage und fruchtbarer, feuchter Boden.

Indianernessel / *Monarda bradburyana* »Cambridge Scarlet«
Heilkraut gegen Husten und Fieber, Angstzustände und Unsicherheit.
Rot – Winterhart, braucht Sonne und feuchten Boden.

Japanischer Ahorn / *Acer palmatum*
Leuchtend rote Herbstfärbung.
Rot – Je nach Sorte unterschiedlich frostempfindlich, Sonne oder Halbschatten. Schönste Laubfärbung in neutralem oder saurem Boden.

Kamelie / *Camellia*
Im viktorianischen England sehr beliebt, eine der schönsten früh blühenden Pflanzen.
Rosa und Rot – Mehr oder minder winterhart, viele Sorten, die alle geschützte, halbschattige Plätze mit durchlässigem, neutralem bis leicht saurem Boden bevorzugen.

Kirsche / *Prunus*
Die zauberhaften Blüten kündigen den Frühling an und bieten Insekten reichlich Nektar, die Früchte sind vitaminreich.
Rosa – Winterhart, verträgt jeden Boden, aber keine Staunässe.

Klatschmohn / *Papaver rhoeas*
Auch Feldmohn genannt, Blume des Blutes und des neuen Lebens.
Rot – Sät sich leicht auf sonnigem, nährstoffarmem, gut drainiertem Boden aus.

Lichtnelke / *Lychnis*
Auch Vexiernelke oder Brennende Liebe genannt, hübsche Rabattenpflanze.
Rosa – Meist winterhart, braucht Sonne und gut durchlässigen Boden.

Majoran / *Origanum majorana*
Die Blume der Ehre, in Griechenland »Freude der Berge« genannt. Küchen- und Heilkraut, wirksam gegen Entzündungen und Krämpfe im Verdauungstrakt, wärmend und entspannend.
Rosa – Kriecht gern über Steine und Böschungen, meist winterhart, bevorzugt Sonne und gut drainierten Boden.

Malve / *Malva*
Die Blume der Sanftheit wirkt beruhigend bei Verdauungs-, Atmungs- und Blasenbeschwerden und kühlend bei Entzündungen und Verbrennungen.
Rot und Rosa – Auf Salzwiesen und an feuchten, fruchtbaren Plätzen heimisch, winterhart, benötigt volle Sonne und durchlässigen Boden.

Muskatellersalbei / *Salvia sclarea*
Die Blume des Stolzes, deren lateinischer Beiname »klar« bedeutet, ergibt ein hervorragendes Tonikum zur Behandlung von Stress-Symptomen, ähnlich wie gewöhnlicher Salbei.
Rot und Rosa – Winterharte und frostempfindliche Sorten, braucht Sonne und gut durchlässigen Boden.

Perückenstrauch / *Cotinus coggygria*
Lebhafte orange bis rote Herbstfärbung.
Rot – Winterhart, gedeiht in Sonne und Halbschatten, nicht zu nahrhafter Boden.

Pfingstrose / *Paeonia lactiflora; P. officinalis*
Der Name der »Blume des Glanzes« geht auf die Sagenfigur Päan zurück, den Heiler der Götter. Die traditionelle chinesische Medizin verwendet die Wurzel zur Behandlung von Wunden, Kopfschmerzen und Kreislaufstörungen. Der Extrakt wird Menschen verabreicht, die unter negativen Einflüssen stehen.

Rot und Rosa

Rot ist die Basis. Die Farbe mit der größten Wellenlänge wirkt wärmend und anregend, Rosa ist ihre ruhigere, femininere Verwandte

Rot und Rosa - Nicht ganz winterhart, bevorzugt Sonne oder lichten Schatten und reichen, gut drainierten Boden.

Poleiminze / *Mentha pulegium*
Eine gefährdete Art, mit Pfefferminze und Katzenminze verwandt.
Rosa und Violett – Gut für Beeteinfassungen, vorwiegend winterhart, gedeiht in Sonne oder Schatten in durchlässigem Boden.

Rotdorn / *Crataegus laevigata*
Rote Blüten im Mai, rote Beeren im Herbst. Die kleinen Bäume geben vielen heimischen Tieren Schutz.
Rot – Winterhart, bevorzugt volle Sonne, aber keine feuchten Böden.

Sonnenhut / *Echinacea angustifolia*
Die Blume der ganzheitlichen Heilkunde. Der Extrakt ist bekannt als Mittel bei ersten Anzeichen von Erkältung, Halsschmerzen und Grippe. Wirksam gegen Viren und Bakterien.
Rot und Rosa – Winterhart, braucht volle Sonne und gut durchlässigen Boden.

Spornblume / *Centranthus ruber*
Gehört zur wegen ihrer Heilwirkung bekannten Baldrian-Familie. Die Wurzeln von *C. officinalis* werden als Beruhigungsmittel verabreicht. Meist duftend, wächst zwischen Steinen und auf alten Mauern.
Rosa und Rot – Mehrjährige Staude, liebt Sonne und gut drainierten Boden.

Steinbrech / *Saxifraga oppositifolia; S. x urbinum*
Eine aussterbende Art, zu finden auf kalkigen und feuchten Wiesen, verwildert an Mauern und felsigen Ufern. Frühlingsblüher, Bienen- und Schmetterlingsweide.
Rosa – Verträgt keine pralle Sonne, bevorzugt feuchten, durchlässigen Torfboden.

Stockrose / *Alcea rosa*
Hohe Stiele mit weichen Blüten. Gegen Verdauungs-, Atmungs- und Blasenbeschwerden, wirkt kühlend bei Entzündungen.
Rosa und Rot – Winterhart, bevorzugt Sonne und nahrhaften, feuchten, aber gut durchlässigen Boden.

Tausendgüldenkraut / *Erythrea centaurium*
In der griechischen Sage benutzte der Kentaur Chairon das Kraut, um Herkules zu heilen. Ein Auszug aus den getrockneten Blüten eignet sich als Aperitif oder Tee.
Rosa und Rot – Winterhart, bevorzugt Sonne und durchlässigen Boden.

Thymian / *Thymus vulgaris*
Die »Blume der Tapferkeit« wurde in der griechischen Antike auf den Altären verbrannt. Wirksames Antiseptikum für innere und äußere Anwendung. Stärkt das Immunsystem und wirkt gegen Erkältungen, unterstützt Gedächtnis und Konzentration. Natürliches Aphrodisiakum.
Rosa und Weiß – Kriechender Wuchs, wächst auch als Rasen, relativ winterhart, bevorzugt Sonne und feuchten, durchlässigen Boden.

Tränendes Herz / *Dicentra formosa*
Die Pflanze schenkt inneren Frieden, Kraft und die Fähigkeit, sich anderen zuzuwenden.
Rot und Rosa – Winterharte Staude, bevorzugt Halbschatten und nahrhaften, gut durchlässigen Boden.

Verbene / *Verbena officinalis*
Blume der Weissagung und heilige Blume der Altäre. Als Tonikum für das Nervensystem, um Spannungen und Angstzustände zu lösen.
Rosa und Blau – Winterhart, wächst gut in den meisten durchlässigen Böden, bevorzugt Sonne.

Wilder Wein / *Parthenocissus tricuspidata*
Grüne Blüten im Sommer, prachtvoll rote Laubfärbung im Herbst.
Grün und Rot – Schnellwüchsig, meist winterhart, bevorzugt Halbschatten oder Schatten und durchlässigen Boden.

Zierquitte / *Chaenomeles speciosa*
Scharlachrote Blüten im Spätwinter und Frühling, die Früchte eignen sich zum Einmachen. Die Blütenessenz gilt als Stärkungsmittel.
Rot – Winterhart, bevorzugt Sonne und durchlässigen Boden.

Orange und Gelb

Orange wärmt ebenso wie Rot, doch seine Hitze wird durch das intellektuelle, analytische Gelb gedämpft. Es ist die Farbe der Öffnung – die gelbe Ampel bereitet auf Wechsel vor. Orange wirkt gefühlvoll und anregend, unterstützt Selbstvertrauen und Selbstachtung und hat befreiende Wirkung. Es setzt Emotionen frei und lässt sie zum Ausdruck kommen. Orange kann Blockaden im kreativen Bereich entgegenwirken und regt die Motorik an – wir bewegen uns freier und fließender. Auch der Fluss von Körperflüssigkeiten wie Blut und Lymphflüssigkeit sowie die Sexualität werden angeregt. Es stärkt das Immunsystem und fördert die Aufnahme von Kalzium. In der Farbtherapie wird Orange zur Sofortbehandlung von Schocks und traumatischen Zuständen eingesetzt. Probieren Sie einmal, nach einem Streit oder einem kleinen Unfall etwas Orangefarbenes anzusehen.

Gelb ist die Farbe des Geistes, eine intellektuelle, der linken Hirnhälfte zugeordnete Farbe, die das Denken anregt. Es hat stärkende Wirkung auf das Nervensystem und reinigende auf Leber und Galle. Durch seine Verknüpfung mit Kommunikation, Logik und Organisation hilft es, Angstzustände und Nervosität zu überwinden, und vermittelt ein Gefühl der Ordnung und Kontrolle. Goldtöne »strahlen von innen« und gelten als Symbol für Weisheit. Sie vermitteln Hoffnung, Erleuchtung und positive Aufklärung. Auch Gelb wird mit Gefühlen in Zusammenhang gebracht. Durch seine Zuordnung zur Körpermitte (siehe Seite 34) steht es in Beziehung zur Bauchspeicheldrüse und dem Nervensystem – verdanken wir es Gelb, wenn wir »Schmetterlinge im Bauch« spüren?

Orange wirkt am besten in Kombination mit Blau, Gelb mit Violett.

Ehe Sie umblättern, um die einzelnen gelben und orangefarbenen Blumen kennen zu lernen, nehmen Sie sich Zeit für die Abbildungen auf dieser Seite. Schließen Sie die Augen und lassen Sie den Eindruck auf sich wirken. Fühlen Sie, wie die Farben auf Sie wirken und welche Gedanken Ihnen dabei durch den Kopf gehen?

Orange und Gelb

Die Blüten

Anis / *Pimpinella anisum*
Das goldorangene Öl wirkt allgemein anregend, fördert klares Denken und setzt Gefühle frei. Die Blätter verwendet man in Salaten und Obstsalaten, die Samen als Gewürz.
Orange – Nach dem letzten Frost in lockeren Boden säen, im Herbst die trockenen Samen ernten.

Fenchel / *Foeniculum vulgare*
Wird mit Vertrauen und Sicherheit assoziiert, wirkt entgiftend und lindernd bei Darm- Blasen- und Menstruationsbeschwerden. Beliebt als Gewürz. Wegen seiner harntreibenden Wirkung auch zur Unterstützung von Schlankheitsdiäten. Aus den Samen Tee bereiten.
Gelb – Winterharte Staude, bevorzugt einen offenen, sonnigen Platz und nahrhaften, durchlässigen Boden.

Frauenmantel / *Alchemilla vulgaris*
Die Blume der Alchimie. Soll die Fruchtbarkeit anregen und Depressionen nach Fehlgeburten und Schwangerschaftsabbrüchen lindern. In der Homöopathie gegen alle klassischen Frauenleiden.
Gelb – Winterhart, gedeiht in Sonne auf fast allen außer sumpfigen Böden.

Gauklerblume / *Mimulus guttatus*
»Erhellt dunkle Wasserwege« – für Menschen, die vor alltäglichen Dingen, dem Tod oder dem Alter Angst haben. Auch gegen Schüchternheit.
Gelb und Orange – Meist winterhart, bevorzugt Sonne und feuchten oder nassen Boden.

Geißblatt / *Lonicera caprifolium*
Die Blume der Einheit. Die Chinesen glauben, dass regelmäßige Einnahme das Leben verlängert. Nur 12 Arten werden in der Medizin verwendet – gegen Husten, Fieber und Schmerzen. Tee aus den Blättern, in der Homöopathie gegen Reizbarkeit und Übererregung.
Orange – Kletterpflanze an Mauern, Hecken und Bäumen. Je nach Sorte winterhart oder frostempfindlich. Sonne oder Halbschatten, fruchtbarer, gut durchlässiger Boden.

Goldmohn / *Eschscholzia californica*
Mohnähnliche Blüten in Goldtönen, auch »Schlafmützchen« genannt und als Verwandte des Schlafmohns von beruhigender und entspannender Wirkung bei inneren und äußeren Schmerzen. Der Extrakt verhilft zu einem ruhigeren und ausgeglicheneren Seelenleben.
Gelb und Orange – Winterhart, benötigt einen sonnigen Standort und tiefgründigen, durchlässigen Boden.

Goldlack / *Erysimum cheiri*
Die Blume der Treue hieß bei den Griechen »helles Veilchen«. Laut Steiner enthalten die Samen Glykoside, die den Herzrhythmus stabilisieren. Verwendung auch in der Frauenheilkunde, jedoch nicht ohne ärztlichen Rat. Der Duft ist sehr angenehm.
Orange – Staude, die an alten Mauern und zwischen Steinen in sonniger Lage auf durchlässigem Boden wächst.

Goldraute / *Solidago virgaurea*
Sind Sie leicht von der Familie oder »den Leuten« zu beeinflussen? Brauchen Sie Anerkennung? Dann pflanzen Sie Goldraute, um Ihre Identität wieder zu entdecken. Herbes, bitteres Aroma, in der irischen Kräuterheilkunde als Abführmittel verwendet.
Gelb – Winterharte Staude, gedeiht in Sonne oder Schatten in allen durchlässigen Böden.

Hahnenfuß /*Ranunculaceae*
Winterling / *Eranthis hyemalis*
Sumpfdotterblume / *Caltha palustris*
Auf Wildblumenwiesen nützlich als reiche Quellen für Nektar und Pollen, symbolisches Geschenk für Menschen, die sich unterschätzen.
Gelb und Orange – Breiten sich im Schatten und Halbschatten in fast allen Böden aus. Sumpfdotterblumen benötigen ständig feuchten Boden.

Heiligenkraut / *Santolina chamaecyparissus*
Kleine, duftende Blätter, gut als Miniaturhecke oder Einfassung für Kräuterbeete.
Gelb und Orange – Winterhart, bevorzugt Sonne und mageren, durchlässigen Boden.

Johanniskraut / *Hypericum*
Die Blume des Lichts schützt vor der Dunkelheit. An trüben Wintertagen hellen ein paar Tropfen täglich die Stimmung auf. Vielseitig gegen Winterdepression, Nervosität, Schock und Trauma, kann jedoch die Produktion von Antikörpern behindern.
Gelb – Winterharte Staude, Sonne oder Halbschatten in fruchtbarem, nicht zu trockenem Boden.

Kapuzinerkresse / *Tropaeolum majus*
Die Blume des Patriotismus. Pfeffriger Duft. Wirkt blutreinigend, regt das Verdauungssystem an. Die Blüten an Salate geben, die Samen wie Kapern einlegen. Alle Teile sind essbar, reich an Vitamin C, anregend, nahrhaft, entgiftend, unterstützt das Immunsystem.
Orange – Anspruchslos und einfach zu ziehen. Samen im Frühsommer in sonnigen, mageren Boden legen.

Kissenprimel / *Primula vulgaris*
Die »erste Blume des Jahres« ist ein unverkennbarer Frühlingsbote und Osterschmuck. In der Homöopathie gegen emotionale Blockaden und auch gegen Winterdepressionen.
Gelb – Fast überall in der freien Natur, auf Feuchtwiesen, unter Hecken und am Waldrand.

Königskerze / *Verbascum* »Cotswold Queen«
Die Blume des inneren Lichts. Besitzt kühlende Eigenschaften. Ausgezeichnetes Heilmittel für das Atmungssystem, bei Husten und trockenem Hals, Asthma und geschwollenen Drüsen. Wird bei Bronchialleiden auch geraucht. Mit den weichen Blättern legte man im Mittelalter Schuhe aus.
Orange – Meist winterhart, bevorzugt Sonne, gedeiht aber auch im Halbschatten auf gut durchlässigem Boden.

Koriander / *Coriandrum sativum*
Blätter und Samen als Gemüse oder Gewürz verwenden, als Heilkraut gegen Müdigkeit, Schwäche und Antriebslosigkeit. Koriander gilt auch als Aphrodisiakum, außerdem soll es Optimismus und Begeisterungsfähigkeit fördern.
Gelb – Im Frühling und Sommer Folgesaaten in leichten, durchlässigen Boden in voller Sonne.

Löwenmäulchen / *Antirrhinum majus*
Für Hände und Augen eine sinnliche Pflanze. Der Extrakt wird agressiven Menschen mit allzu großer Energie gegeben, homöopathisch gegen Spannungszustände.
Gelb und Orange – Ein- und mehrjährige Arten, Sonne, nahrhafter, durchlässiger Boden.

Mahonie / *Mahonia aquifolium*
Blume der Anerkennung. Die Wurzel wird gegen Erschöpfung sowie bei Krampfadern, Leber- und Gallenleiden verwendet. Wirkt außerdem entgiftend. kühlend und adstringierend.
Gelb – Immergrüner Strauch, meist winterhart, bevorzugt Sonne oder Halbschatten und fruchtbaren, nicht zu trockenen Boden.

Nachtkerze / *Oenothera biennis*
Die Blume der stillen Liebe. Stiele und Blätter ergeben eine beruhigende Lotion. Als Heilkraut lindernd bei Verdauungsstörungen, Koliken, Asthma und Husten, in der Homöopathie gegen MS, hohen Blutdruck, hohen Cholesterinspiegel sowie Leberleiden.
Gelb – Winterhart, volle Sonne und gut drainierter, sandiger Boden.

Gelb – Wächst im Sommer wild auf Wiesen und an Gehölzrändern, duftet aber nur auf schweren Lehmböden.

Ringelblume / *Calendula officinalis*
Die Blume der Sonne – strahlend, liebreizend und weise. In Salben für Schnittwunden, Stiche und Verbrennungen, als Antiseptikum und zur Anregung des Immunsystems. Auch gegen Viren (Grippe, Herpes), bakterielle Darminfektionen und Pilzerkrankungen. Nicht in der Schwangerschaft anwenden.
Orange – Einjährige und immergrüne, meist winterharte Sorten, sonniger Standort bei durchlässigem Boden.

Schlüsselblume / *Primula veris*
Die geschützte Wildblume wird zum Aromatisieren von Wein, Käse und Kuchen verwendet und war Zutat für den Liebestrank der Göttin Freya. Wurzeln und Blüten werden zur Anregung des Nervensystems verwendet, in der Homöopathie gegen Niedergeschlagenheit.
Gelb – Schlüsselblumen wachsen fast überall, darum ist es verwunderlich, dass sie bedroht sind. Ursache ist vermutlich das Fehlen natürlicher, von Giftstoffen unbelasteter Lebensräume. Schön im Vordergrund eines Blumenbeetes.

Orange und Gelb

Orange hilft beim Aufbau von Selbstvertrauen und Selbstachtung. Gelb ist die Farbe des Geistes und regt die Funktion der linken Gehirnhälfte an.

Narzisse / *Narcissus pseudonarcissus*
Die klassische englische Frühlingsblume, häufig auf den Valentinskarten der viktorianischen Zeit abgebildet, und so schön, dass »sich eine Nymphe in sie verliebte«.
Gelb – Winterhart, Sonne und Halbschatten, braucht durchlässigen Boden.

Nelkenwurz / *Geum montanum*
Wunderbar orange leuchtende Blüten.
Orange – Winterharte Staude, bevorzugt Sonne und durchlässigen Boden.

Odermennig / *Agrimonia eupatoria*
Auch »Heil aller Welt« genannt, wirkt tonisierend und anregend auf Magen, Leber und Galle, unterstützt die Heilung von Wunden und dient als Aufguss für Augenspülungen.

Sonnenblume / *Helianthus annus*
Die Blume der Inka, ein universelles Sonnensymbol. Wurde früher gegen Malaria verabreicht. Die Kerne sind sehr nahrhaft.
Gelb – Sonnenblumen absorbieren viel Wasser, sie können sogar feuchte Böden austrocknen, Sonne, durchlässiger Boden.

Stiefmütterchen / *Viola tricolor*
Die wilde Art gilt als »Blume der Gedanken« und war im Sommernachtstraum Zutat für Titanias Liebestrank. Wirkt herzstärkend, kühlend, reinigend und entzündungshemmend.
Gelb und Violett – Winterharte Beetpflanze, Sonne, gut durchlässige Böden.

Grün und Weiß

Grün ist eine Farbe mit natürlicher Heilkraft. Sie wirkt ausgleichend und aufbauend, und ist eines der wenigen konstanten Merkmale der Natur. Alle anderen Farben kommen und gehen, nur Grün ist verlässlich und beständig. Es ist die Farbe des neuen Lebens und der Harmonie.

Denken Sie an die belebende Wirkung von grünem Licht. Stellen Sie sich einen efeuumrankten Wintergarten vor – grünes Licht fällt mit beinahe irisierendem Schimmer in den Raum. Dort herrscht eine beruhigende Stille, in der man lernt, Vertrauen in den Prozess des Lebens zu haben und Zeit für die Seele zu finden. In China steht die Farbe Grün traditionell für Unterscheidungssinn und die Fähigkeit, ruhig und durchdacht zu urteilen. In der Farbtherapie wird Grün zur Entspannung eingesetzt, zur Beruhigung bei Schock, zur Kühlung bei Migräne und zur Beruhigung der Verdauung.

Grün ist vielleicht die Farbe mit der besten Heilwirkung, doch braucht es die Ergänzung durch Rot, hellere Grüntöne werden durch Rosa ausbalanciert.

In diesem Zusammenhang betrachten wir auch Weiß als Farbe, weil weißes Licht alle anderen Farben in sich vereint. Ein Objekt sieht für uns deshalb weiß aus, weil es alle Farb-Wellenlängen reflektiert, die für das menschliche Auge sichtbar sind.

Weiß ist eine reinigende Kraft, die die Lebenskräfte in Körper, Geist und Seele anregt. Es heißt, dass weißes Licht uns hilft, eine höhere Bewusstseinsebene zu erreichen und uns in einen Zustand der Gnade und Erleuchtung zu erheben. Wir können die wohltuenden Lichtschwingungen von Weiß nutzen, indem wir weiß blühende Blumen pflanzen.

Ehe Sie umblättern, um verschiedene grüne Pflanzen kennen zu lernen, nehmen Sie sich etwas Zeit für die Abbildungen auf dieser Seite. Schließen Sie die Augen und lassen Sie den Eindruck auf sich wirken. Fühlen Sie, wie die Farbe auf Sie wirkt. Können Sie die Farbe mit einem Geschmack in Verbindung bringen?

Grün und Weiß

Die Blüten

Grün ist die heilende, ausgleichende und aufbauende Farbe der Natur. Weiß ist das klärende und reinigende Element, das die Lebenskraft in Körper, Geist und Seele aktiviert.

Grün und Weiß

Baldrian / *Valeriana officinalis*
Er gilt als das wirkungsvollste pflanzliche Beruhigungsmittel. Die Wurzel wird als homöopathisches Mittel gegen Angstzustände gegeben.
Weiß und Rosa – Winterhartes Kraut, im Frühling in durchlässigen Boden pflanzen, bevorzugt Sonne.

Bärlauch / *Allium ursinum*
Kräftig in Geruch und Geschmack, wirkt gegen Infektionen.
Weiß und Grün – Bildet im Mai Teppiche in Laubwäldern, liebt Halbschatten und feuchten Boden.

Basilikum / *Ocimum basilicum*
Der Name stammt aus dem Griechischen und bedeutet »königlich«. Wirkt reinigend und klärend, beruhigendes Heilmittel für Verdauung und Atmungssystem. Vielseitiges Würzkraut mit herbsüßlichem Aroma.
Weiß und Grün – Einjährig, leicht aus Samen zu ziehen, braucht Sonne und nahrhafte Erde.

Brennnessel / *Urtica dioica*
Die »Blume der Bosheit« – doch wenn man sie im Schach hält, ist sie überaus nützlich – als Gemüse, für Suppen und Bier, als Käsezutat, als Heilmittel. Hoher Gehalt an Vitamin C und A, Eisen und Kalium. Tee aus jungen Blättern als Blutreinigungskur im Frühling. Gut zum Mulchen. Brennnesseljauche wirkt gegen Schädlinge und zieht Nützlinge an.
Weiß und Grün – Wächst in Sonne oder Schatten in allen durchlässigen Böden.

Brombeere / *Rubus fruticosus*
Klassische Wildpflanze mit süßen Früchten. Die Blätter ergeben einen milden Tee.
Weiß und Blau – Kletterpflanze, Jungpflanzen müssen angebunden werden. Sonne oder Halbschatten und nahrhafter, durchlässiger Boden.

Buchsbaum / *Buxus sempervirens*
Eine Pflanze mit zahlreichen religiösen und mythologischen Assoziationen. Widerstandsfähig gegen Umweltgifte, gut für Formschnitt geeignet.
Grün – Wächst sehr langsam, meist winterhart, Sonne oder Halbschatten in allen durchlässigen Böden.

Efeu / *Hedera helix*
Früher trug man Kränze aus Efeu als Mittel gegen Trunkenheit um den Kopf. Die Beeren sind gefährlich – sie enthalten ein starkes Gift, das rote Blutkörperchen zerstört. Aus den Blättern bereitet man Umschläge zum Heilen von Wunden und zur Bekämpfung von Parasiten.
Weiß und Grün – Winterharte, immergrüne Kletterpflanze, gedeiht gut im Schatten.

Engelwurz / *Angelica archangelica*
Die Blume der Inspiration und des Heiligen Geistes regt den Blutkreislauf an, wärmt und belebt. Anregender Tee für Frauen.
Weiß und Grün – Winterhart, wächst in Sonne oder Schatten in allen durchlässigen Böden.

Gänseblümchen / *Bellis perennis*
Die »Blume der Unschuld« ist als ausdauernde Schöne eine Lieblingsblume der Kinder und Symbol der Treue. Berühmt für ihre heilende Wirkung – auf Schlachtfeldern zum Stillen von Blutungen verwendet, auch als »Arnika der Armen« bekannt.
Weiß und Grün – Langsam wachsend, winterhart, Sonne oder Schatten und nahrhafter, durchlässiger Boden.

Gardenie / *Gardenia Megasperma*
Klärt die Gefühle, den Geist und die schützende Aura. Das Öl soll die Kommunikationskanäle öffnen. Wunderbarer Duft.
Weiß und Grün – Frostempfindlich und schwierig zu pflegen. Bevorzugt Halbschatten und humosen, neutralen bis sauren, kalkfreien Boden, am besten im Kübel halten und im Winter ins Haus holen.

Hopfen / *Humulus lupulus*
Die Blume des ruhigen Schlafes. Wegen der beruhigenden Wirkung füllt man Hopfen in Kräuterkissen. Löst Spannungen und Ängste, wirkt durch den hohen Tanningehalt bei Reizungen und Entzündungen des Verdauungstraktes, und wegen des Östrogengehaltes bei Wechseljahrbeschwerden.
Weiß und Gelb – Klettert an Spalieren oder Bäumen und bedeckt schnell Schuppen oder Mauern. Winterhart, bevorzugt Sonne und durchlässigen Boden.

Jasmin / *Jasminum officinale; J. grandiflorum*
Die »Blume des Luxus« hilft in der ayurvedischen Medizin zur Beruhigung bei nervlichen und emotionalen Problemen. Schwerer, süßlicher Duft.
Weiß und Grün – Rankender Strauch, nur wenige frostharte Sorten. Bevorzugt Sonne und durchlässige Böden. Dicht am Haus oder an einem Weg pflanzen.

Kamille / *Chamaemelum nobile; Anthemis nobilis*
Mutterkraut / *Matricaria chamomilla*
Die Blume der Ausgewogenheit. Der Aufguss wirkt gegen Entzündungen, Fieber und Schlafstörungen, gutes Abend-Getränk. Hilft auch bei kränkelnden Gartenpflanzen.
Weiß und Grün – Meist winterhart, bevorzugt Sonne und gut durchlässige Böden.

Mädesüß / *Filipendula ulmaria*
Die Blume der spätsommerlichen Feuchtwiesen duftet nach Mandeln und wurde früher als Bettstreu verwendet. Sie enthält Salicylsäure, ein Bestandteil des Aspirin.
Weiß – Winterhart, bevorzugt feuchten Boden, Sonne oder Halbschatten.

Maiglöckchen / *Convallariana majalis*
Die Pflanze hat einen herrlichen Duft, ist aber hochgiftig.
Weiß und Grün – Winterhart, wächst im Schatten in feuchtem, nahrhaftem oder kargem Boden.

Meerkohl / *Crambe maritima*
Köstliches Frühlingsgemüse, die frischen Blätter, Wurzel und Samen sind essbar. Die Wurzeln nimmt man im Herbst aus dem Boden und lässt sie in einem dunklen Raum im Winter austreiben.
Weiß und Grün – Volle Sonne, alle durchlässigen Böden.

Rainfarn / *Tanacetum parthenium*
Die »Blume der Erleichterung«, der Venus geweiht, soll »unseren Schwestern zu Hilfe kommen«. Wirkt kühlend und entgiftend, gegen Kopfschmerzen und Migräne. Der Tee wird bei Allergien wie Heuschnupfen und Asthma gegeben.
Weiß und Grün – Wächst in jedem Boden. Sät sich selbst aus und verbreitet sich schnell.

Schafgarbe / *Achillea millefolium*
Die »Blume der Unverwundbarkeit« wirkt als Tee günstig auf die Verdauung, fördert Appetit und Nährstoffaufnahme, senkt Fieber und entgiftet, regt Blutkreislauf und Atmung an. In der Volksmedizin auch zum Stillen von Blutungen, als Antiseptikum und gegen Entzündungen.
Weiß – Winterhart, gedeiht in fast allen Böden, bevorzugt Sonne und durchlässige Erde.

Schneeglöckchen / *Salanthus nivalis*
Symbol für Leben und Hoffnung, manchmal auch für Tod und Wiedergeburt. Schneeglöckchen gehören zu den ersten Blumen, die sich nach dem Winter zeigen.
Weiß und Grün – Zwiebeln im Herbst pflanzen, bevorzugt lichten Halbschatten und humosen, nahrhaften Boden.

Stechpalme / *Ilex aquifolium*
Die »Blume des Guten Willens« wird mit der Wintersonnenwende in Verbindung gebracht, die Beeren sind ein beliebter Weihnachtsschmuck. Früher als Ersatz für Tee, durchblutungsfördernde Wirkung, schweißtreibend. Wirksam bei Fieber und Hautausschlag.
Weiß und Grün – Meist winterhart, sonnige und schatttige Standorte, bevorzugt durchlässigen Boden.

Vogelmiere / *Stellaria media*
Die »Blume der Weissagung« ist sehr nahrhaft, enthält viel Vitamin A und C, Kupfer und Eisen. Die Blätter schmecken in Salat oder als Spinat. Die oberirdischen Pflanzenteile wirken kühlend und beruhigend auf die Verdauung, Leber und Galle, als Kompressen und Salben bei entzündlichen Hauterkrankungen.
Weiß und Grün – Die Pflanze neigt zum Wuchern – am besten im Kübel halten. Bevorzugt Sonne, gedeiht in allen durchlässigen Böden.

Weinbergslauch / *Allium vineale*
Die »Blume der Macht« hat größere Blättern und Blüten als der verwandte Knoblauch, *A. sativum.* Reinigende und entzündungshemmende Wirkung. Probieren Sie die Blätter einmal auf Erdnussbutter. Anregend und belebend.
Weiß und Rosa – Als Wildpflanze im Wald und an Hecken, bevorzugt Halbschatten und feuchten Boden.

Weißdorn / *Crataegus oxyacantha; C. monogyna*
Die »Blume des Herzens« ist auch ein Herzmittel. Blüten, Blätter und Beeren wirken tonisierend bei hohem Blutdruck und öffnen verhärtete Arterien. Beruhigt das Verdauungssystem, wirksam bei Durchfall. Junge Blätter schmecken köstlich in Salaten. Blüten und Beeren geben Insekten und Vögeln reichlich Nahrung.
Weiß und Grün – Ideal als Schutzhecke, winterhart, bevorzugt Sonne und durchlässigen Boden.

Ziertabak / *Nicotiana alata; N. sylvestris*
Duftet am Abend verführerisch, der Extrakt wird unsicheren Menschen verabreicht, um Mut, Aufgeschlossenheit und Lebensfreude zu fördern.
Weiß und Grün – Meist frostempfindlich, braucht Sonne und fruchtbaren, durchlässigen Boden.

Blau, Indigo und Violett

Was die Farbwirkung betrifft, so muss man die blauen Blumen im Garten in hellere, himmelblaue, und dunkle, indigoblaue Arten unterteilen.

Blau hilft uns dabei, unsere Mitte zu finden, ruhig und sicher zu werden und auf unsere Intuition zu hören. Es ist die Farbe des Meeres und Symbol für das Unterbewusste. **Hellblau** hat antibakterielle Eigenschaften und wirkt lindernd bei Kopf- und Rückenschmerzen sowie bei Menstruationsbeschwerden. Teilweise sind diese Wirkungen auf Assoziationen zurückzuführen. Der klare Himmel ist blau, darum glaubt man, dass Blau eine gute Farbe zur Behandlung von Augenleiden sei. Das Meer scheint blau zu sein, weil es den Himmel reflektiert. Blau soll die Reflexion anregen und auf den Weg zum inneren Frieden führen.

Mit **Dunkelblau** und **Indigo** werden beschützende, gebieterische Eigenschaften assoziiert, Wissen und Verstehen. Wie die helleren Blautöne wirken sie kühlend, und, weil sie intensiver sind, auch bei stärkeren Schmerzen. Indigo wird zur Behandlung von Verbrennungen, Wunden und Neuralgien eingesetzt. Im Volksglauben galt Blau als Farbe, die das »Dritte Auge« und den Zugang zur Intuition öffnet, zu höheren Denkebenen und ekstatischen Visionen führt. Der Anblick einer dunkelblauen Fläche hat eine beruhigende, fast narkotisierende Wirkung und wirkt darum besonders gut gegen Schmerzen und Stress.

Violett wird mit dem Geist, dem Göttlichen und königlicher Macht in Verbindung gebracht. Es ist die Farbe der Selbsterkenntnis. Sie schwingt mit hoher Frequenz, schützt dadurch den Geist und soll gegen Ängste wirken. Violett besteht aus Rot mit einem Zusatz von Blau und ist so die Farbe der Verschmelzung, die die grundlegenden Funktionen des Körpers mit denen von Geist und Seele in Einklang bringt. Violett wird von Farbtherapeuten als psychologische Primärfarbe angesehen und zur Behandlung von nervlichen und seelischen Reizzuständen eingesetzt. Körperlich wirkt es gegen Überaktivität und Erschöpfung, indem es die Funktionen von Drüsen und Hormonen normalisiert. Violett hat blutreinigende Wirkung, es unterstützt die Bildung weißer Blutkörperchen, die der Immunabwehr dienen. Weil es auf das Gleichgewicht von Kalium und Natrium wirkt, reguliert es auch unseren Wasserhaushalt und den Herzrhythmus.

Ein Hauch Violett ist ganz einfach in den Garten zu integrieren, echte Blautöne dagegen sind schwerer zu finden.

Ehe Sie umblättern, um die einzelnen blauen Blumen kennen zu lernen, nehmen Sie sich Zeit für die Abbildungen auf dieser Seite. Schließen Sie die Augen und lassen Sie den Eindruck auf sich wirken. Welches Gefühl empfinden Sie?

Blau, Indigo und Violett

Die Blüten

Blauregen / *Wisteria floribunda*
Der Extrakt der in Australien heimischen Glyzinen wird bei sexuellen Blockierungen und Angst vor Intimität gegeben.
Violett – Rankt an Mauern und Pergolen, Häusern und Bäumen. Winterhart, bevorzugt sonnige Standorte und fruchtbare, durchlässige Erde.

Boretsch / *Borago officinalis*
Die blaue Sternblume ist ein wunderbar vielseitiges Kraut. Wirkt gegen Melancholie, macht Mut, stärkt den Körper in anstrengenden oder belastenden Zeiten. Blüten an Süßspeisen und Salate geben.
Blau – Mehrjährige und einjährige Arten, bevorzugt Sonne und nahrhaften, durchlässigen Boden.

Braunelle / *Prunella vulgaris*
Die Blume des Selbstvertrauens und der Selbstheilung. Zum Gurgeln bei Halsschmerzen und Entzündungen des Zahnfleischs, auch gegen Kopfschmerzen und erhöhte Lichtempfindlichkeit. Gehört zur Minze-Familie und ist eine Bienenweide.
Violett – Schön in Steingärten, winterhart, Sonne oder Schatten in feuchtem, aber durchlässigem Boden.

Buddleia / *Buddleja davidii*
Der Schmetterlingsstrauch zieht Falter und Insekten an.
Violett und Blau – Winterharter Strauch, leicht zu ziehen, im Frühjahr stark zurückschneiden, damit er im Sommer schön blüht, Sonne, durchlässiger Boden.

Fingerhut / *Digitalis*
Die Blätter, in warmem Wasser eingeweicht und in einen Umschlag gegeben, wirken gegen Kopf- und Ohrenschmerzen. *Digitalis purpurea* und *D. lanata* sind giftig, aus ihren Glykosiden werden Herz-Medikamente gewonnen.
Violett – Bevorzugt Halbschatten und Bedingungen wie am Waldrand.

Gartenrittersporn / *Consolida ajacis* »Bluetit«
Klassische Bauerngarten-Blume, wird auch vorbeugend für Augenbäder verwendet. Der Extrakt wirkt erleichternd bei Überforderungs-Gefühlen.
Blau und Violett – Wird recht hoch und muss angebunden werden, bevorzugt geschützte, sonnige Standorte mit nahrhafter, durchlässiger Erde.

Geranie / *Geranium* »Johnson's Blue«
Der Extrakt fördert Ausgeglichenheit, wirkt beruhigend bei Ängsten und Übererregung sowie kühlend und lindernd bei Verletzungen. Vertreibt Insekten.
Blau – Niedriger, krautiger Bodendecker, verträgt jeden Boden, braucht aber volle Sonne.

Glockenblume, breitblättige / *Campanula lactifolia*
Leuchtend blaue Beetpflanze.
Blau und Violett – Mehrjährige und einjährige Arten, einige auch immergrün. Braucht nahrhaften, feuchten Boden in sonniger oder halbschattiger Lage. Im Halbschatten halten sich die Blüten länger.

Hasenglöckchen / *Hyacintoides endymion; H. non-scripta*
Gefährdete Art, weil ihr Lebensraum knapp wird. Können Sie durch einen Wald voller Glöckchen gehen, ohne gute Laune zu bekommen?
Blau und Violett – Winterharte frühe Zwiebelblüher für Beete und zum Verwildern unter Bäumen, Halbschatten und viel Feuchtigkeit.

Herbstenzian / *Gentiana amarella*
Die »Blume der Bitterkeit«, für alle, die sich leicht entmutigen lassen, enthält einen der stärksten Bitterstoffe im Pflanzenreich, Heilkraut zur Förderung der Verdauung sowie zur Stärkung und Entgiftung.
Violett und Rot – Große, winterharte Staude für Steingarten oder Torfbeet. Gedeiht in Sonne oder Halbschatten, benötigt humosen, durchlässigen, neutralen bis sauren Boden.

Immergrün / *Vinca major; V. minor*
Die Blume der Nähe. Die Blüten werden auf Hochzeiten gestreut und sollen für eine glückliche Ehe sorgen. Enthält adstringierende Stoffe, kann gekaut werden, wirkt gegen starke Menstruationsblutungen, bei Anspannung und Diabetes.
Violett – Winterharter Bodendecker für Schattenlagen mit feuchter Erde, blüht im Sommer.

Katzenminze / *Nepeta cataria*
Der Tee wirkt ähnlich wie Kamille und war in England sehr beliebt, ehe schwarzer Tee eingeführt wurde.
Violett und Blau – Im Hochsommer blühende Staude für Beete und Wegränder, frosthart, bevorzugt Sonne und feuchten, gut durchlässigen Boden.

Klematis / *Clematis montana alba; C. viticella; C. x* »Mrs Cholmondeley«
Wüchsige Kletterpflanze mit Unterarten in vielen Blütenfarben.
Blau und Violett – Muss regelmäßig geschnitten werden, Arten, die vor dem Mittsommer blühen, werden nach der Blüte bis auf eine Knospe seitlich vom Haupttrieb, spät blühende Sorten werden im Winter bis an den Boden zurückgeschnitten. Meist winterhart, gedeiht im Schatten und in der Sonne, bevorzugt jedoch Schatten auf dem Wurzelbereich und nahrhaften, durchlässigen Boden.

Kornblume / *Centaurea cyanus*
Als Heilkraut für Augenbäder und zur Behandlung von Geschwüren. Lockt Bienen und Schmetterlinge an.
Blau und Violett – Schnell wachsende, aufrechte Schnittblume. Winterhart, liebt Sonne und durchlässigen Boden.

Küchenschelle / *Pulsatilla vulgaris*
Die Blume der Einsamkeit. Aus den getrockneten Blüten stellt man einen Extrakt gegen Nervosität, Anspannung und Schlafbeschwerden her.
Violett und Blau – Winterhart, braucht Sonne und humosen, durchlässigen Boden.

Lavendel / *Lavandula officinalis*
Eines der bekanntesten blauen Beruhigungsmittel, beruhigt das Herz und senkt den Blutdruck. Der Name kommt vom lateinischen *lavare* = waschen.
Blau und Violett – Nach der Blüte zurückschneiden. Als Einfassung für Kräuterbeete oder Wege, relativ frosthart, liebt Sonne und fruchtbaren, durchlässigen Boden.

Mahonie / *Mahonia x media*
Dunkelblaue Beeren und duftende, gelbe Blüten im Winter.
Blau und Gelb – Relativ frosthart, bevorzugt Schatten und fruchtbaren, feuchten, aber durchlässigen Boden.

Myrte / *Myrtus communis*
Zum Beduften von Krankenzimmern. Aus den Beeren gewinnt man ein duftendes Kerzenwachs.

Blau, Indigo und Violett

Blau ist die Farbe des Meeres, Symbol des Unterbewussten. Indigo hat beschützende, gebieterische Eigenschaften, es steht für Wissen und Verstehen. Violett ist die Farbe der Selbsterkenntnis.

Blau und Grün – Braucht einen sonnigen, geschützten Standort, um Blüten und Früchte hervorzubringen. Frostempfindlich, darum am besten in einen Kübel mit durchlässiger Erde pflanzen.

Rosmarin / *Rosmarinus officinalis*
Die »Blume der Loyalität« ist ein Heilkraut mit belebender, antiseptischer und adstringierender Wirkung. Wird gegen Hautleiden, Altersbeschwerden und zur inneren Erwärmung eingesetzt. Nicht in der Schwangerschaft oder bei Bluthochdruck anwenden. Beliebtes Küchengewürz, auch für Obstsalate und Glühwein.
Violett und Grün – Eine krautige, winterharte Staude, die einen warmen, geschützten Standort in durchlässiger Erde benötigt.

Salbei / *Salvia officinalis*
Die »Blume der Unsterblichkeit« hilft gegen viele Beschwerden, wirkt reinigend und antiseptisch bei Infektionen der Haut, außerdem gegen Bakterien und Pilze. Salbeitee wird bei Erkältung und Husten empfohlen. Früher auch zur Tuberkulose-Therapie eingesetzt.
Violett und Blau – Bevorzugt Sonne und fruchtbaren, durchlässigen Boden.

Schachbrettblume / *Fritillaria meleagris*
Eine gefährdete Art, die auf Feuchtwiesen wächst. Die Blüten liefern im Frühling Nektar für die ersten Schmetterlinge.
Blau und Violett – Winterharte Zwiebeln, die im Herbst gepflanzt werden, feuchter, schattiger Standort.

Scheinmohn, blauer / *Meconopsis grandis*
Die Gartenblume mit dem klarsten Blau.
Blau – Winterhart, benötigt Schatten und einen kühlen Standort in humoser, feuchter und neutraler bis saurer Erde.

Silberblatt / *Lunaria rediviva*
Optisch und haptisch reizvoll, im Winter schöne, silbrige Samenstände.
Blau und Violett – Winterhart, Sonne oder Schatten mit fruchtbarem, gut durchlässigem Boden.

Veilchen / *Viola odorata*
Die Blume der Bescheidenheit und Schüchternheit, Symbol des Friedens, des Glaubens und der Frömmigkeit. Soll das Herz öffnen, sodass andere Menschen weniger furchterregend scheinen. Der Extrakt wirkt einschläfernd und kühlend bei Entzündungen. Soll während der Menopause die Libido stärken.
Violett und Blau – Sonne oder Halbschatten in fruchtbarem, durchlässigem Boden.

Vergissmeinnicht-Gewächse / *Borago; Myosotis; Anchusa*
Gruppe aus vielen Wald- und Wiesenblumen, darunter auch Boretsch und Ochsenzunge.
Blau – Wie Boretsch, doch vorzugsweise feuchteren, humoseren Boden.

Wacholder / *Juniperus communis*
Gut zur Entgiftung, bei Blasenentzündung und Appetitlosigkeit. Als Würzkraut außer zum Aromatisieren von Gin eher selten benutzt. Besonders wirksam gegen Kater. Während der Schwangerschaft meiden.
Violett und Blau – Strauchiges, winterhartes Nadelgehölz mit schuppiger Borke, braucht einen offenen Standort und fruchtbaren, trockenen Boden.

Ysop / *Hyssopus officinalis*
Die »Blume des Vergebens« ist ein vielseitiges Heilkraut zur Reinigung und Kräftigung, für Verletzungen und Reizungen der Haut, gegen Schmerzen und Niedergeschlagenheit.
Blau und Violett – Ein kleiner Strauch aus der Minze-Familie, gedeiht fast überall.

Zwiebeln und Knoblauch / *Allium*
Die mächtigen »Allesheiler« wirken antibiotisch, reinigend und Schleim lösend, gegen Thrombose, Würmer, Diabetes, Nervosität und Unsicherheit. Ein gutes Gemüse für jeden Tag.
Blau und Weiß – In kälteren Gegenden robuste, winterharte Züchtungen, ungestört in der Erde lassen, damit sie Horste bilden. Bevorzugt offene, sonnige Standorte mit gut durchlässiger Erde.

Klang – Harmonie und Natur

Die Geräusche der Natur sind wunderbar beruhigend

In den 1920er Jahren veranstalteten die Philosophen Gurdjieff und Ouspensky vor einem erlesenen Publikum in Paris eine Reihe von Konzerten, in denen Klänge und Musik auf neue Art kombiniert wurden. Sie wollten damit spezifische Gefühlsreaktionen bei den Zuhörern auslösen. Aus den Berichten über die Konzerte geht nicht hervor, ob dieses Experiment erfolgreich war. Mit Sicherheit wollten die Veranstalter mit akustischen Reizen im Publikum gemeinsame Reaktionen wie Lachen oder Schreien hervorrufen. Jeder von uns weiß, dass Musik eine fröhliche oder traurige Stimmung auslösen kann – die populäre Musik nutzt gerne diese Wirkung. Man geht davon aus, dass rauschendes oder plätscherndes Wasser im Garten beruhigend wirkt. Auch das Rascheln des Windes in den Blättern eines Baumes oder das sanfte Klappern von Bambusrohr kann friedliche Stimmung verbreiten und helfen, sich zu sammeln.

Die chinesische Kunst des Feng Shui geht davon aus, dass die universelle Energie, falls sie einmal zum Stillstand kommt, durch Klänge neu belebt werden kann. Zu diesem Zweck werden häufig Windspiele aus Metall oder Bambus aufgehängt. In der Stadt mit all ihren künstlichen und oft lästig lauten Geräuschen können natürliche Klänge einen angenehmen Ausgleich schaffen. Sie locken auch Insekten, Vögel und andere Tiere an, die wiederum auf ihre Weise das Klangspektrum angenehm machen.

Klang als Therapie

Unser Gehör ist verblüffend genau. So wie wir die verschiedenen Wirkweisen der Farben mit ihren unterschiedlichen Schwingungen sehen, können wir Klangfrequenzen hören und unsere Energie positiv aufbauen.

In der Farbtherapie wird heute gleichzeitig mit Klängen gearbeitet, weil man davon ausgeht, dass zwischen Klängen und Farben enge Beziehungen bestehen. Die Wirkung von Rot wird beispielsweise durch die Noten C und H verstärkt, Grün durch F und Fis, Blau durch A und E, Orange durch D und G. Die Schwingungen der Klänge dringen tief in das Körpergewebe ein und fördern das Wohlbefinden. Ganz ähnlich ist die Wirkung, wenn man zu einem ungeborenen Kind im Mutterleib spricht oder ihm etwas vorsingt.

Klänge im Garten

Die Verwendung von Wasser ist eine der wirkungsvollsten Möglichkeiten, durch ruhige und natürliche Geräusche das Wohlbefinden zu steigern.

Ein Bachlauf nach Steinerschem Vorbild ist eines der besten Beispiele für den therapeutischen und zugleich ästhetischen Wert von Wasser. Er bildet eine angenehme Geräuschkulisse und seine Form, mit deren Hilfe die Strömung reguliert wird, aktiviert die lebens- und energiespendenden Kräfte des Wassers. Mit einer Teichpumpe kann man einen Bachlauf sogar von einem alten Bottich aus speisen. Ein anderes reizvolles Wasserspiel ist der japanische Bambusbrunnen, der dekorativ aussieht und ein freundliches Plätschern produziert.

Auch Gräser, Blätter und Samenstände erzeugen interessante natürliche Geräusche. In größere Gärten passen Bambusarten wie *Phyllostachys viridiglaucescens* und *Ph. nigra*. Es gibt kleinere Arten wie *Sinarundinaria nitida,* und unter den zierlichen Gräsern der Familie *Miscanthus* findet sich auch eine rosa Sorte, *M. sinensis* »Kleine Fontäne«. Sehr attraktiv sind Pampasgräser wie *Cortaderia selloana* aus Neuseeland. Die Samenstände des Blasenstrauches *Colutea arborescens* und die Samenkapseln von Mohn rascheln sanft im Wind.

Klänge im Garten gehen oft Hand in Hand mit sanfter Bewegung, die einen weiteren reizvollen Aspekt bildet. Man sollte Bäume wie Pappeln und Espen nicht vergessen, deren Laub bei jeder Bewegung raschelt und schimmert, oder Weiden und Kiefern, die leise flüstern.

Klänge, die man hört ohne ihren Ursprung zu sehen, haben einen besonderen Zauber.

Duft – ein Garten voller Wohlgerüche

Ein duftender Garten weckt Erinnerungen und romantische Assoziationen. Blumenduft an einem Sommerabend ist ein Garant für entspanntes Wohlbehagen.

Je besser wir verstehen, wie sich Düfte auf unser Befinden auswirken, umso bewusster können wir sie auch im Garten einplanen. Die Ursprünge der Aromatherapie reichen mehr als 5000 Jahre zurück. Man verwendete Düfte für Bäder und Massagen, um die Luft zu reinigen, den Geliebten zu bezaubern oder die Götter zu erfreuen. Die gezielte Therapie mit ätherischen Ölen ist jedoch relativ neu. Die Essenzen besitzen meist die gleichen Eigenschaften wie die Pflanzen selbst. So wirkt Koriander-Öl beruhigend, Majoran-Öl verdauungsfördernd und krampflösend bei Asthma. Der Unterschied liegt darin, dass die flüchtigen Öle eine besonders tiefe Wirkung auf unser geistiges und emotionales Befinden zu haben scheinen. Ein wichtiger Faktor für die Wirkung von Düften in der psychologischen Therapie ist unsere Fähigkeit zur Geruchswahrnehmung und unsere Reaktionen darauf. Traditionell verwendet man Kamille gegen Zorn, Ysop gegen Trauer, Rose gegen Eifersucht. Interessant ist, dass diese Öle heute nicht nur zur Anregung und Entspannung eingesetzt werden, sondern auch zur Therapie innerer Erkrankungen. Man hat zum Beispiel herausgefunden, dass Bergamotte, Kamille und Lavendel die Bildung von weißen Blutkörperchen anregen. Öle stabilisieren auch das Immunsystem und werden zur Bekämpfung von Infektionen oder zum Aufbau von Widerstandskräften verwendet. So enthält Kamille den entzündungshemmenden Wirkstoff Azulen. Wie der Name vermuten lässt, ist er dunkelblau – und so überrascht es nicht, dass auch in der Farbtherapie die Farbe Dunkelblau gegen Entzündungen eingesetzt wird. Man nimmt heute an, dass diese Stoffe nicht nur eine Mischung von Chemikalien sind, sondern dass sie über spezielle Schwingungen verfügen, die jeweils bestimmten Düften, Farben und sogar Klängen entsprechen.

Zimt ist ein gutes Beispiel. Orangefarben wie Sonne und Feuer wird er von Aromatherapeuten zur Anregung von Herz und Kreislauf – und folglich zur Erwärmung des Körpers – verwendet.

Sinnliches Empfinden ist relativ

Für die Blüten mag der Duft nur dazu dienen, Insekten anzulocken oder Pflanzenfresser abzuschrecken. Menschen werden stark vom Auge gelenkt – deswegen ist es eine gute Übung für die Ausgewogenheit der Sinne, einen Moment lang die Augen zu schließen und tief einzuatmen.

Ätherische Öle als Badezusatz wurden von Claire Whitehouse für sehbehinderte Menschen eingesetzt, doch das anregende oder entspannende Aroma wirkt für jeden wohltuend.

Der Duftgarten

Die Blüten

Aprikose, japanische / *Prunus mume* »Beni-Chidori«
Wunderschöne frühe Blüten, ähnlich wie Kirsche.
Standort – Winterhart, Sonne oder Schatten und alle Böden, nur keine Staunässe.

Beifuß / *Artemisia vulgaris*
Die Blume der Mondgöttin. Bei Menstruations- und Wechseljahresbeschwerden werden Blätter und Blüten als Badezusatz verwendet. In der traditionellen chinesischen Medizin gilt »Moxa« als wärmendes Kraut.
Standort – Bevorzugt Sonne und gut durchlässigen Boden.

Binsenginster / *Spartium junceum*
Die duftenden gelben Schmetterlingsblüten schmückten die Tempel der griechischen Antike.
Standort – Sonne und eher magerer, durchlässiger Boden, winterhart.

Flieder / *Syringa vulgaris* »Sensation«
Lieblingsblüte der viktorianischen Zeit, noch heute eine der klassischen Duftpflanzen englischer Gärten.
Standort – Sonne, tiefgründiger, alkalischer und durchlässiger Boden, winterhart.

Hyazinthe / *Hyzinthus orientalis*
Nach der griechischen Mythologie erwuchs die Blume aus dem Blut von Apolls Geliebten. Sie bringt im Winter Farbe und balsamischen Duft ins Haus.
Standort – In Töpfen kultivieren, in Gartenbeeten die winterharten Zwiebeln schon im Herbst stecken, Sonne und gut durchlässiger Boden.

Klematis / *Clematis montana; C. vitalba*
C. vitalba ist die Bach-Blüte für Träumer – sie hilft, in der Wirklichkeit zu leben.
Standort – Sonne oder Schatten in nahrhaftem, durchlässigem Boden. Wurzelbereich schattieren. Meist winterhart.

Levkoje / *Matthiola incana*
Die weiße, mehrjährige Wildart stellt keine großen Ansprüche, duftet aber herrlich.
Standort – Bevorzugt Sonne oder Halbschatten und nahrhaften, kalkhaltigen, durchlässigen Boden. Einige winterharte Sorten.

Madonnenlilie / *Lilium candidum*
Die Blume der Auferstehung, der Jungfrau Maria gewidmet.
Standort – Bevorzugt Sonne und durchlässigen Boden. Die Zwiebeln werden im Herbst oder Frühling gesteckt, die Blüten erscheinen im Sommer.

Magnolie / *Magnolia wiesneri; M. sinensis*
Die großen, duftenden Blüten gehören zu den schönsten, die man in unserem gemäßigtem Klima findet.
Standort – Windgeschützt, Sonne oder Halbschatten und nahrhafter, lockerer Boden. Meist winterhart, doch die Blüten können bei späten Frösten leiden.

Majoran, Wilder / *Origanum vulgare*
Das wichtigste Würzkraut der Mittelmeerküche wächst in niedrigen, duftenden Polstern. Der Tee wirkt wärmend und Schmerz lindernd.
Standort – Bevorzugt Sonne und durchlässigen, alkalischen Boden, winterhart.

Nachtviole / *Hesperis matronalis*
Beliebt in Bauerngärten, abends ist ihr Duft am stärksten.
Standort – Winterhart, bevorzugt Sonne und nahrhaften, lockeren, aber nicht zu trockenen Boden.

Orangenblume / *Choisya ternata*
Glänzende gelbliche Blätter und duftende, weiße Sternblüten.
Standort – Sonne, nahrhafter, durchlässiger Boden, winterhart.

Passionsblume / *Passiflora incarnata*
Die »Friedensstifterin« ist entspannend bei Stress-Erscheinungen, schon ein Blick auf die aparte Blüte wirkt wie Medizin.
Standort – Bevorzugt Sonne oder Halbschatten in nahrhaftem, feuchtem, aber durchlässigem Boden. Einige Sorten sind winterhart, Kletterpflanze, gut in Töpfen.

Duft im Garten ist ungemein wichtig. Er weckt Erinnerungen und romantische Assoziationen. Was kann mehr Wohlbehagen schenken als ein Sommerabend in einem Garten, umgeben vom Duft von Jasmin und Levkojen?

Der Duftgarten

Rose / *Rosa primula*
Frühe Rose mit zartem Duft. In Persien glaubte man einst, dass die erste Rose von den Strahlen der aufgehenden Sonne erblüht.
Standort – Winterhart, Sonne, fruchtbarer, lockerer, leicht feuchter Boden.

Rosenpelargonie / *Pelargonium graveolens*
Vor allem wegen ihrer ätherischen Öle gepflanzt, für Parfümindustrie und Aromatherapie. Ideal bei Stress-Beschwerden, Anspannung, Ängsten und Niedergeschlagenheit.
Standort – Durchlässiger, neutraler bis alkalischer Boden. Bevorzugt einen sonnigen Standort, verträgt aber keine zu große Hitze und zu hohe Feuchtigkeit. Frostempfindlich.

Salomonssiegel / *Polygonatum odoratum*
Das »Siegel der gesegneten Jungfrau«, auch wohlriechende Weißwurz genannt, ist eine herrlich duftende Waldpflanze.
Standort – Kühl und schattig, die Erde darf nie austrocknen. Winterharte Staude.

Seidelbast / *Daphne odora; D. burkwoodii*
Immergrüner Strauch mit kleinen, würzig duftenden Blütenbüscheln, die schon früh im Winter blühen.
Standort – Winterhart, bevorzugt Sonne und fruchtbaren, nicht zu trockenen Boden.

Silberblatt / *Lunaria*
siehe unter Blau

Sommerjasmin / *Philadelphus coronarius; P. delavayi*
Langlebiger Strauch mit weißen Blüten, deren intensiver Duft an Orangen erinnert.
Standort – Sonne, fruchtbarer, lockerer Boden, winterhart.

Winter-Geißblatt / *Lonicera fragrantissima*
Besonders reizvoller Strauch mit cremeweißen, duftenden Blüten an den winterkahlen Zweigen.
Standort – Gedeiht im Schatten in allen durchlässigen Böden, winterhart.

Zaubernuss / *Hamamelis virginiana mollis; H. x intermedia*
Die »Blume der Weissagung« trägt leuchtend gelbe, intensiv duftende Blüten von Dezember bis Februar. Traditionelles Hausmittel bei Verbrennungen, Schwellungen und Entzündungen der Haut. Stoppt Blutungen.
Standort – Sonne oder Halbschatten, torfig-saurer, durchlässiger Boden.

Zitronenmelisse / *Melissa officinalis*
Die »Blume der Bienen« beruhigt das Herz und ergibt einen guten Abendtee, der Sorgen und Anspannung vertreibt. Kräftiger Zitronenduft.
Standort – Winterhart, bevorzugt Sonne und nahrhaften, lockeren Boden. Sät sich leicht selbst aus, in der Nähe des Hauses oder am Wegrand pflanzen.

Zitronenverbene / *Alyosia triphylla*
Die Blätter werden für Obstsalate und Bowlen verwendet. Zerreibt man sie, geben sie einen starken Zitronenduft ab. Wirkt antiseptisch und vertreibt Insekten.
Standort – Am besten vor einer Südwand in voller Sonne und lockerem Boden.

Düfte und Gefühle

Der Garten bringt eine Fülle von wunderbaren sinnlichen und heilenden Düften hervor. Da gibt es die Düfte der Pflanzen am Haus, an den Wegen und Beeten, die man immer berühren kann. Da ist aber auch der Duft von umgegrabener Erde, der frische Duft des Gartens nach einem Regen oder der Geruch des Komposts, der dem Eingeweihten verrät, was im Inneren des Haufens geschieht. Die Gerüche der meisten Pflanzen empfinden wir als angenehm. Die Blätter enthalten Duftstoffe, die Pflanzenfresser abschrecken und zugleich Insekten zur Bestäubung anziehen. Riechen Sie doch einmal an Tomatenpflanzen, Basilikum oder Koriander – und widerstehen Sie der Versuchung, hineinzubeißen.

Viele Pflanzen mit duftenden Blättern geben ihr Aroma und dessen medizinische Wirkung erst frei, wenn man sie berührt. Immergrüne Kräuter, Kiefern oder Zitronenmelisse erfüllen die Luft mit ihrem Geruch. Minze, Thymian und Römische Kamille wachsen in Pflasterfugen und verströmen ihren Duft, wenn man auf sie tritt. An Sommerabenden füllen Ziertabak, Levkojen, Geißblatt und Schneeball die Luft mit ihrem Duft.

Zitronenmelisse / *Melissa officinalis*

Zitronenmelisse ist wegen ihres frischen Duftes und Geschmacks berühmt. Sie eignet sich gut als Zutat für Obstsalate und Getränke. Die gehackten Blätter mit dem süßlich-herben Geschmack geben Salaten, Marmeladen und sommerlichen Puddings eine erfrischende Note. Zitronenmelisse wirkt günstig auf das limbische System, das Temperament und Stimmungen steuert. Traditionell wird sie als Heilmittel gegen Stress, Angstzustände und Depressionen, Verdauungsstörungen und Entzündungen verabreicht. Zitronenmelisse ist so mild, dass man sie auch Kindern als Beruhigungsmittel geben kann. Zugleich wirkt sie lindernd bei Magenbeschwerden und Fieber. Man verwendet sie gegen Infektionen, bei Heuschnupfen und anderen Allergien sowie bei Schmerzen, auch bei Menstruationsbeschwerden und als Entspannungsmittel vor Entbindungen. Ihre antiseptischen Eigenschaften sind nützlich bei Schnittwunden, die antiviralen Wirkstoffe bei Erkältung und Grippe. Und schließlich soll sie beruhigen, die Stimmung heben sowie Panik- und Schockzustände lindern.

Man erntet die Blätter während des ganzen Sommers und verwendet sie als Gewürz, für Tee, erfrischende und reinigende Lotionen. Die zerriebenen Blätter gibt man auf frische Verletzungen, ein öliger Auszug eignet sich für Massagen, Bäder und als Parfüm. Ideal ist ein Busch Zitronenmelisse gleich neben der Haustür, wo man regelmäßig im Vorbeigehen den Duft genießen kann.

Die Pflanze gedeiht in sonniger Lage bei reichlich Wasser, Wärme steigert den Duft. Man kann sie im April durch Samen vermehren und die Sämlinge nach dem Frost ins Freie setzen. Im Herbst zurückschneiden, damit sie buschig bleibt.

Pflanzen in der Aromatherapie

- **Basilikum** *Ocimum basilicum*
Belebend und anregend (in der Schwangerschaft und bei empfindlicher Haut meiden)
- **Bergamotte** *Citrus bergamia*
Erfrischend, antidepressiv, antiseptisch (nicht verwenden, wenn die Haut intensiver Sonneneinstrahlung ausgesetzt ist)
- **Estragon** *Artemisia dracunculus*
Wärmend, belebend und entspannend
- **Eukalyptus** *Eucalyptus globulus*
Wärmend und antiseptisch, Schleim lösend, Fieber senkend
- **Kamille** *Chamaemelum nobile*
Erfrischend, antidepressiv, gegen Schmerzen und Fieber
- **Lavendel** *Lavandula angustifolia*
Erfrischend, entspannend, antiseptisch, bei Schmerzen
- **Muskatellersalbei** *Salvia sclarea*
Wärmend, beruhigend, antidepressiv (nicht in der Schwangerschaft anwenden)
- **Pfefferminze** *Mentha x piperita*
Kühlend und anregend (nicht in der Schwangerschaft und bei empfindlicher Haut anwenden)
- **Pinie** *Pinus sylvestris*
Erfrischend und antiseptisch
- **Rose** *Rosa x centifolia; R. x damascena*
Entspannend, beruhigend, antidepressiv, aphrodisierend (nicht in der Schwangerschaft anwenden)
- **Rosmarin** *Rosmarinus officinalis*
Belebend, antiseptisch, bei Schmerzen (nicht in der Schwangerschaft und bei Bluthochdruck anwenden)
- **Thymian** *Thymus vulgaris*
Antiseptisch und antibakteriell (nicht bei empfindlicher Haut oder Bluthochdruck anwenden)
- **Wacholder** *Juniperus communis*
Erfrischend, entgiftend, anregend (nicht in der Schwangerschaft anwenden)
- **Zedernholz** *Cedrus atlantica*
Beruhigend
- **Zitronenmelisse** *Melissa officinalis*
Anregend, Fieber senkend (nicht bei empfindlicher Haut anwenden)
- **Zitronenpelargonie** *Pelargonium odoratissimum*
Erfrischend, entspannend und belebend
- **Zypresse** *Cupressus sempervirens*
Erfrischend und desodorierend

Der Tastsinn im Garten

Spielen Sie einmal wieder Blindekuh

Als Kinder spielten wir im Garten Blindekuh. Man wurde mit verbundenen Augen herumgewirbelt, dann wurde ein Gegenstand in die erwartungsvoll ausgestreckte Hand gelegt: Borke, behaarte Blättchen, eine Schnecke, ein Apfel, ein Blütenblatt, eine Hand voll Irgendwas. Der Garten hat für den Tastsinn viel zu bieten.

Tastsinn im Garten – das ist fast eine Liebesgeschichte. Tragen Sie Handschuhe, wenn Sie mögen – Sie werden sie manchmal als Schutz benötigen. Doch wenn man die nackten Hände in die Erde steckt, spürt man die Natur ganz elementar. Auch die Erfahrung, barfuß durch taufeuchtes Gras oder über einen frisch geharkten Weg zu gehen, sollten Sie sich nicht entgehen lassen.

Der Tastsinn wird unterschätzt

Von allen unseren Sinnen wird der Tastsinn wohl am häufigsten unterschätzt. Doch die Meilensteine in der Entwicklung der Menschheit waren Dinge, die mit den Händen hergestellt oder benutzt wurden. Nehmen Sie etwas Lehm und formen Sie daraus eine Kugel, einen Becher, eine Figur, eine Schale. Es täuscht, wenn man meint, dass die Form wie von selbst entsteht – sie ist vom Menschen geschaffen und spiegelt die Form unserer Hand. Wenn Holz gespalten oder Stein geborsten ist, können wir abtasten, was unter der Oberfläche ist. Die Hände sind unsere wichtigsten Werkzeuge, mit deren Hilfe wir die Welt um uns entdecken und erschließen können.

Tastsinn – Vereinigung von Hirn und Hand

Die Natur erkunden

Es ist ein Klischee zu denken, Wissenschaft sei reine Analyse, Kunst hingegen die reine Synthese. Der eine kann den Regenbogen nur in Teilchen zerlegen, der andere kann ihn nur zusammensetzen. Doch so einfach ist es nicht. Unsere Fantasie wird lebendig, wenn wir die Natur mit den Händen erkunden. Michelangelo bringt dieses Gefühl in einem Sonett zum Ausdruck:

Wenn das, was in uns göttlich ist, versucht, ein Gesicht zu formen, vereinigen sich Hirn und Hand und wecken mit der freien Kraft der Kunst den Stein zum Leben.

Gehirn und Hand vereinigen sich. Durch die Hände erwacht Material zum Leben – man formt es in Gedanken. Schließen Sie die Augen, wenn Sie etwas berühren, und lassen Sie Ihrer Fantasie freie Bahn.

Sie können eine Schaufel, einen Spaten oder eine Grabgabel benutzen, doch es ist etwas ganz Besonderes, mit den Fingern eine Rille in die Erde zu ziehen und Saat hineinzulegen.

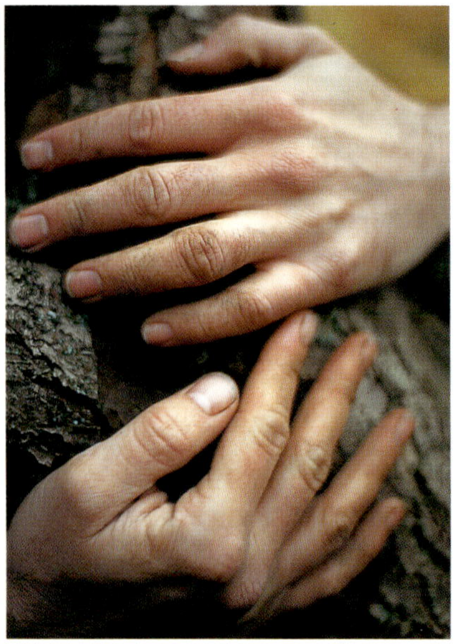

Berühren und sehen

Um unsere Beziehung zur Natur zu vertiefen, können wir in unserem Garten den Tastsinn vielfältig anregen. Denken Sie zuerst an die vielen verschiedenen Grundmaterialien: Erde, Ton, Sand, Stein oder Kies. Fels und kalter Stein wirkt wärmer und lebendiger, wenn er von Moos überwachsen ist. Fast alle Pflanzen haben interessante taktile Eigenschaften, und für passionierte Gärtner ist es selbstverständlich, ein Blatt zwischen den Fingern zu zerreiben, um den Gesundheitszustand einer Pflanze zu prüfen. Manche Pflanzen – Wollkraut, Ziest oder Silbersalbei – laden geradezu ein, ihre weich behaarten Blätter zu streicheln.

Frische Köstlichkeiten

Geschmack gratis

Auch der kleinste Garten kann eine große Geschmacksvielfalt bieten. Viel ist über Gemüsebeete geschrieben worden, doch es verwundert, dass die meisten Experten Obst und Gemüse in eine separate Gruppe einordnen, als würden sie sich grundlegend von den Pflanzen im Blumenbeet unterscheiden. Liegt es an unserer Definition von Nahrung? In den 1970er Jahren veröffentlichte Richard Mabey das Buch *Food for Free* (Nahrung kostenlos), in dem viele essbare, aber lange vergessene Pflanzen beschrieben werden. Der alte Nutz- oder Bauerngarten, in dem Blumen, Gemüse und Kräuter in friedlicher Eintracht gedeihen, ist eine ideale Lösung, um Geschmack und Schönheit im Garten zu vereinigen. Wir wollen Sie keineswegs überreden, zum Selbstversorger zu werden. Ebenso wenig wollen wir Ihnen ausreden, im Supermarkt einzukaufen. Hier geht es um zusätzliche Pflanzen, um ein bisschen geschmacklichen Luxus und das Erfolgserlebnis des eigenen Anbaus. Wenn man sich zum Essen setzt, hat es zweifellos eine besondere Qualität, die frischen Früchte der eigenen Ernte zu verzehren.

Auch wenn Sie keine Erfahrung mit Nutzpflanzen haben, scheuen Sie sich nicht, zu experimentieren und zu lernen: Sie haben reichlich Zeit.

Küchenkräuter

Die Sonne bringt das Öl und dadurch den Geschmack der Kräuter zur Entfaltung. Stellen Sie Kräuteressig her, indem Sie einige Blätter in einer kleinen Menge kochendem Essig zerstoßen. Fügen Sie die gleiche Menge kalten Essig hinzu, lassen Sie alles zwei Wochen ziehen, gelegentlich schütteln, vor dem Gebrauch durch ein Sieb gießen.

Estragon / *Artemisa dracunculus*
Für helle Saucen und Essig.
Frostempfindlich. Sämlinge an einen sonnigen Platz in durchlässige, nahrhafte Erde pflanzen. Im Spätherbst herunterschneiden und mulchen. Vermehrung durch Triebstecklinge.

Liebstöckel / *Levisticum officinale*
Der intensive Geschmack erinnert entfernt an Sellerie. Die jungen Blätter und Stiele kocht man als Gemüse oder gibt sie an Salate, Suppen und Schmorgerichte.
Hohe, winterharte Staude, die viel Platz braucht, Sonne und nahrhafter, lockerer Boden.

Lorbeer / *Laurus nobilis*
Die Blätter zu Nudeln, Reis, Suppen, Schmorgerichten und Fisch geben.
Sonne, nahrhafter, lockerer Boden.

Meerrettich / *Armoracia rusticana*
Die Wurzel schälen und reiben, mit Jogurt und Zucker mischen. Fruchtig-scharfer Geschmack.
Winterhart. Die Wurzeln benötigen nahrhaften, tiefgründig gelockerten Boden. Im Frühling ein Stück Wurzel 30 cm tief in den Boden stecken, gut gießen. Neigt zum Wuchern, darum möglichst im Kübel halten.

Portulak / *Portulaca oleracea*
Die jungen Triebe kochen und wie Spargel mit Butter als Vorspeise servieren.
Frostempfindlich, bevorzugt volle Sonne, gedeiht in nahezu jedem Boden.

Schnittlauch / *Allium schoenoprasum*
Das kleinste Mitglied der Zwiebelfamilie. Fein gehackt zu Käse, Kartoffeln, Gurken und in Salaten und Omelettes.
Im Frühling in nahrhaften, durchlässigen Boden säen. Gedeiht gut im Blumentopf. Ideal als Einfassung für Blumenbeete.

Süßdolde / *Myrrhis odorata*
Als Ersatz für Zucker in gekochten Speisen und Salaten verwenden. Winterharte, hohe Staude. Im Frühling in lockeren Boden säen. Bevorzugt Halbschatten und feuchten, nahrhaften Boden.

Gemüse und Obst

Gemüse

Artischocken / *Cynara scolymus*
Eine köstliche Vorspeise. 40 Minuten in Zitronenwasser kochen, dann mit Vinaigrette servieren.
Sämlinge oder Wurzelschösslinge im Frühling auspflanzen. Im ersten Jahr die Blüten entfernen, dann treibt die Pflanze im zweiten Jahr größere Blüten. Vor Frost schützen, braucht viel Sonne und reichlich gut verrotteten Kompost. Auch mehrjährig, mit kleineren Blütenköpfen, ist *C. cardunculus.*

Endivien / *Cichorium endivia*
Klassisch ist die Kombination von Endiviensalat mit Oliven. Das zartbittrige, rote oder grüne Blattgemüse, eine Kreuzung von Kohl und Salat, gibt es das ganze Jahr. Gegen Ende der Erntesaison die Köpfe zusammenbinden und anhäufeln, damit sie zart bleiben.
Kann vom zeitigen Frühjahr bis zum Hochsommer in nahrhaften, lockeren Boden gesät werden.

Erbsen / *Pisum sativum*
Auch roh in Salaten, köstlich ist eine Suppe aus pürierten Erbsen, frischem Salbei und Sahne.
Es gibt viele Sorten. Aussaat vom zeitigen Frühling bis zum Hochsommer in fruchtbaren, lockeren Boden, jeweils zwischen zwei Reihen eine Kletterhilfe aufstellen.

Feldsalat / *Valerianella locusta*
Für Sommer, Herbst und Winter, kann als Bodendecker gepflanzt oder in Kästen gezogen werden.

Kohl / *Brassica*
Rotkohl sieht im Blumenbeet prächtig aus. Gutes Lagergemüse für Salate oder zum Kochen.
Im Frühbeet aussäen und vorziehen, im Frühsommer dann in gut gedüngte, durchlässige Erde umpflanzen, sonnige Lage.

Kürbis / *Cucurbita maxima; C. moschata*
Mit Sahne, Pfeffer, Cayenne-Pfeffer, Knoblauch und Dill als feine Suppe. Probieren Sie auch Kürbis-Auflauf.
Die Samen über Nacht einweichen und in Töpfen aussäen, im Mai oder Juni auspflanzen. Kürbisse brauchen viel Sonne und Platz, gut düngen und wässern.

Lollo rosso / *Lactuca sativa*
Ebenso dekorativ wie vielseitig, leider frostempfindlich, braucht sonnigen, offenen Standort mit nahrhafter, lockerer Erde.

Saubohnen / *Vicia fabalemon*
Als Suppe oder Salat, gekocht und mit Butter serviert. »Aquadulce Claudia« eignet sich als Hintergrundpflanze in Rabatten. »Red Epicure« hat hübsche Blüten und rote Bohnen. »Aqua« im Herbst in nahrhaften, durchlässigen Boden säen, die anderen Sorten im zeitigen Frühjahr.

Sauerampfer / *Rumex acetosa*
Junge Blätter, püriert, sind eine delikate Soße zu Nudeln, roh als Frühlingsgemüse oder gekocht wie Spinat.
Bevorzugt sauren, kühlen und feuchten, aber nicht nassen Boden. Im Frühling aussäen oder ältere Pflanzen teilen. Im Winter mit Glocken abdecken. Die Blütenansätze frühzeitig entfernen.

Stangenbohnen / *Phaseolus coccineus*
Dieses Gemüse gedeiht auch in großen Kübeln, z. B. neben dem Grillplatz. Sicheren Halt für jeweils vier Pflanzen gibt ein Gerüst aus Bambusstangen.
Im mittleren Frühjahr in nahrhaften, durchlässigen Boden in sonniger Lage säen.

Tomaten / *Lycopersicum esculentum*
Leicht aus Samen oder Setzlingen zu ziehen, auch in Kübeln gleich neben dem Grillplatz, wo sich dann jeder seinen frischen Salat pflücken kann. Besonders dekorativ sind Kirschtomaten.
Erst nach dem letzten Frost ins Freie setzen. Regelmäßig anbinden, düngen und gießen.

Beerenobst

Finden Sie unter den zahllosen Varianten Ihre Lieblingssorte selbst heraus.

Himbeere / *Rubus idaeus* »Malling Jewel«, »Autumn Bliss«
Die perfekte Beerenfrucht mit reichlich Vitaminen, Mineralien und Faserstoffen. Die jungen Blätter ergeben einen erfrischenden, beruhigenden Tee.
Jungpflanzen in der Gärtnerei kaufen und an einem sonnigen, aber kühlen Platz in nahrhaften, feuchten, durchlässigen Boden pflanzen. Unbedingt an Stangen oder Drähten anbinden. Die meisten Sorten fruchten am vorjährigen Holz. Herbstfruchtende Sorten tragen am Austrieb des gleichen Jahres.

Johannisbeere, rote / *Ribes rubrum* »Red Lake«
Johannisbeergelee ist ein klassischer Begleiter zu Wild und leichten Fleischgerichten. Außerdem eine Grundzutat der klassischen Roten Grütze. Mit Zitrone und Honig püriert ein erfrischend herbes Getränk.
Winterhart. Bevorzugt fruchtbaren, durchlässigen Boden in kühler Lage. Um größere, aromatische Früchte zu erhalten, den Fruchtansatz ausdünnen.

Kapfeige / *Carpobrotus edulis*
Ungewöhnliche Sukkulente mit köstlichen, essbaren Früchten aus Südafrika. Frostempfindlich. Benötigt Sonne und feuchten, durchlässigen, alkalischen Boden.

Stachelbeere / *Ribes uva-crispa* »Whitesmith«; R. u. »Whinham's Industry«
Stachelbeer-Creme ist eine himmlische Nachspeise: Putzen und mit Sahne und Zucker pürieren. Auch gekocht als herbfruchtige Sauce zu Fisch.
Winterhart. Bevorzugen Sonne oder Halbschatten in nahrhaftem, feuchtem Boden. Im Winter pflanzen und zurückschneiden. Im Frühsommer die Beeren mit Netzen vor Vögeln schützen.

Walderdbeere / *Fragaria vesca*
Die kleinen Früchte sind viel süßer und würziger als ihre riesigen Supermarkt-Verwandten. Walderdbeeren kann man in guten Gärtnereien kaufen und im Steingarten oder in Kübel pflanzen. Sie sind frostempfindlich, lieben Sonne oder Halbschatten und fruchtbaren, durchlässigen Boden.

Baumfrüchte

Es gibt zahllose Sorten und Züchtungen. Oft haben die älteren Sorten einen ausgeprägteren Geschmack. Lassen Sie sich in einer guten Baumschule über die Größe der Bäume beraten. Heute gibt es viele selbstbestäubende Sorten, sodass Sie nicht mehr zwei Bäume pflanzen müssen.

Apfel / *Malus domestica* »Egremont Russets« mit *M. d.* »Ribston Pippin«

Kirsche / *Prunus avium* »Stella« (süß) und *Prunus cerasus* »Morello« (sauer)

Birne / *Pyrus communis* »Doyenne du Comice« und *P. c.* »Winter Nelis«

Pflaumen, Reineclauden, Damaszenerpflaumen, Zwetschen / *Prunus domestica* »Victoria« und *P. d.* »Cambridge Gage«
In kleineren Gärten am Spalier oder als Fächer an der Mauer. Ein Laubengang aus Obstbäumen hat romantischen Charme.

Der heilende Garten

Farben, Düfte und Klänge für die Gesundheit

Die Kunst, Pflanzen zur Wiederherstellung der Gesundheit einzusetzen ist so alt wie die Menschheit. Schon unsere Vorfahren kannten die Wirkung bestimmter Pflanzen, experimentierten mit ihnen und gaben ihnen symbolische Bedeutung. Heute helfen uns Wissenschaft und Technik dabei, Krankheiten zu diagnostizieren und die richtige Therapie zuzuweisen. Die Forschung ist mühevoll und langwierig geblieben. Behandelt man ein körperliches Leiden oder ein emotionales Problem mit einem Tee aus Blüten, Wurzeln oder Blättern oder auch mit einer Massage oder Einreibung mit duftendem Öl, sprechen wir von einer Kräuterkur.

Jeder von uns kann Pflanzen im Garten anbauen, die medizinischen Nutzen haben oder einfach dazu dienen, unsere Gesundheit zu stärken und zu erhalten. Tatsächlich kann schon das Heranziehen und Pflegen solcher Pflanzen eine positive therapeutische Wirkung haben. Auch die Selbstdiagnose ist durchaus möglich. Wenn allerdings Beschwerden länger anhalten, sollten Sie unbedingt einen erfahrenen Heilpraktiker oder Arzt aufsuchen.

»Gesundheit ist unser Erbe, unser Recht. Sie besteht in der völligen Einheit von Seele, Geist und Körper. Dies ist kein kompliziertes und abwegiges Ideal – tatsächlich ist es so natürlich und einfach, dass wir dazu neigen, es zu übersehen.«

Dr. Edward Bach

Der heilende Garten

Blumen und Kräuter

Arnika / *Arnica montana*
Ein großartiges homöopathisches Mittel gegen Schock und Trauma nach Unfällen sowie Verletzungen und Muskelschmerzen.
Kultur – Winterharte Staude mit fleischigen Rhizomen für Trockenbeet oder Steingarten, bevorzugt Sonne und humosen, gut durchlässigen Boden.
Baldrian / *Valeriana officinalis*
Die bekannten beruhigenden Stoffe sind in der Wurzel enthalten. Gegen Nervosität und Angstzustände zerstößt man die Wurzel und lässt sie 24 Stunden lang in kaltem Wasser ziehen.
Kultur – Eine Staude für gemäßigtes Klima. Die Sämlinge im Frühling an einen sonnigen Standort mit lockerem Boden pflanzen.
Enzian, gelber / *Gentiana lutea*
Die Bitterstoffe der Wurzel regen die Bildung von Verdauungssäften an, wirken reinigend und stärkend.
Kultur – Große Staude, an warmen, halbschattigen Standort in feuchten Boden säen.
Helmkraut / *Scutellaria laterifolia*
Die »Blume der Entspannung« liefert Tee aus Blättern und Blüten sowie eine homöopathische Lösung gegen nervöse Beschwerden. Wirkt vor allem in Stressphasen stärkend.
Kultur – Ursprünglich eine Staude der feuchten Uferzone, gedeiht in fast allen feuchten Böden.
Herbstzeitlose / *Colchicum autumnale*
Die hübschen, an Krokusse erinnernden Blüten werden zur Behandlung von Arthritis und Gicht verwendet. Auch in der Genforschung und Krebstherapie von Bedeutung.
Kultur – Die Zwiebeln der Herbstblüher werden im Spätsommer in nahrhafte, gut durchlässige Erde gepflanzt.

Johannisbeere, schwarze / *Ribes nigrum*
Aus den Blättern lässt sich ein köstlicher Tee bereiten, die Früchte enthalten viel Vitamin C. Beide stärken das Immunsystem und wirken Infektionen entgegen.
Kultur – Winterhart, volle Sonne und fruchtbarer, lockerer Boden.
Johanniskraut / *Hypericum perforatum*
Die »Blume des Lichts« ist mein persönlicher Favorit. In der Homöopathie wegen seiner »aufhellenden« Wirkung geschätzt.
Kultur – Schöne Staude mit goldgelben Blüten, die in lichten Wäldern, feuchten Wiesen und auch als Bodendecker in Rabatten gedeiht.
Kamille / *Chamaemelum nobile*
Der Tee aus den Blüten ist ein altbekanntes, beruhigendes Getränk für den Abend. Wirkt gegen Entzündungen und Fieber.
Kultur – Wuchernde, bodendeckende Staude, die im Frühling gesät wird. Bevorzugt Schatten und humosen, nahrhaften, durchlässigen Boden.
Knoblauch / *Allium sativum*
Küchen- und Heilkraut für Vitalität, Kraft und Energie. Seine Schleim lösenden und antibiotischen Eigenschaften nützen vor allem dem Atmungs- und Verdauungssystem. Sammeln Sie auch die Wildform Bärlauch.
Kultur – Im Herbst an einer geschützten Ecke pflanzen. Liebt volle Sonne und gut gedüngten, lockeren Boden. Die Knollen werden im Spätsommer geerntet.
Koriander / *Coriandrum sativum*
Küchen- und Heilkraut mit wohltuender Wirkung für die Verdauung. Die Blätter an Salate geben oder mit Gemüsen kochen. Die Samen würzen fade Speisen.
Kultur – Im Frühling in lockeren, gut gedüngten Boden in sonniger, offener Lage säen.

Majoran / *Origanum majorana; O. vulgare; O. onites*
Eine große Familie von Küchen- und Heilkräutern. *O. majorana* ist vor allem als Heilpflanze bekannt. *O. vulgare* hat den intensiven Geschmack, den man aus der Mittelmeerküche kennt. *O. onites* eignet sich besonders zum Würzen von Fleisch, Tomaten und provencalischen Saucen.
Kultur – Laub wechselnde Sträucher und Stauden, meist winterhart, bevorzugt Sonne und alkalischen, durchlässigen Boden.
Nachtkerze / *Oenothera biennis*
Die Samen der »Blume der stillen Liebe« enthalten Gamma-Linolsäure, die den Hormonhaushalt stabilisiert. Auch zur Behandlung von Hautleiden.
Kultur – Zweijährige Pflanze, die vom Frühsommer bis in den Herbst hinein blüht und vor allem in den Abendstunden stark duftet. Bevorzugt volle Sonne, gedeiht in allen durchlässigen Böden.
Pfefferminze / *Mentha x piperita*
Die »Blume der Erfrischung« ist ein großartiges Küchen- und Heilkraut. Der anregende, wärmende Tee wirkt gegen alle Winter-Zipperlein. Frische, zerriebene Blätter, an eine Lotion gegeben, lindern Schmerzen aller Art. Gern als Antiseptikum und Aromastoff verwendet.
Kultur – Einheimische Pflanze, die zum Wuchern neigt. Am besten im Kübel ziehen. Bevorzugt Halbschatten und feuchten, humosen Boden.
Rainfarn / *Tanacetum parthenium*
Mit dieser Pflanze sind zahlreiche Experimente zur Behandlung von Migräne durchgeführt worden. Sie erweitert und entspannt die Blutgefäße und verhindert die Abgabe von allergenen Körperchemikalien. Ihr Geschmack ist sehr bitter, der Tee wirkt gegen Katarr und Nebenhöhlen-Entzündungen.
Kultur – Die große, winterharte Staude mit den gänseblümchenartigen Blüten lässt sich leicht aus Samen heranziehen. Sie bevorzugt Sonne und nahrhaften, lockeren Boden.

Ringelblume / *Calendula officinalis*
Die Öle der Ringelblume, in Kompressen oder Salben verwendet, wirken desinfizierend und fördern die Wundheilung.
Kultur – Die einjährige Pflanze wird im Frühjahr in vorbereitete Beete gesät.

Rose / *Rosa x damascena; R. x centifolia*
Die alten Rosensorten haben besondere Bedeutung in der Aromatherapie und der Parfumherstellung. Auszüge aus Blüten und Blättern werden gegen Fieber, zur Entgiftung und zur Stärkung des Immunsystems verwendet. Auch die Hagebutten sind wertvoll, die Haare und Kerne in ihrem Inneren jedoch mühsam zu entfernen.
Kultur – Laub wechselnde und immergrüne Sorten, eventuell anbinden oder stützen, Sonne, nahrhafter durchlässiger Boden.

Rosmarin / *Rosmarinus officinalis*
Als Würzkraut gut zu Fleisch, als Heilkraut ein antiseptischer und anregender Tee, belebend als ätherisches Öl.
Kultur – Ein immergrüner Strauch, der sich im Spätsommer gut aus Stecklingen heranziehen lässt. Braucht einen warmen, sonnigen Platz in lockerem Boden und Schutz vor Frost im Winter.

Schafgarbe / *Achillea millefolium*
Ein Auszug aus Wurzeln und zerstoßenen Blättern wird traditionell zum Stillen von Blutungen, für Scheidenspülungen, als Augenbad und zur Anregung der Verdauung gegeben.
Kultur – Eine einheimische Staude mit weißen Blüten im Sommer. Sät sich leicht selbst aus – manchmal zu reichlich.

Schlafmohn / *Papaver somniferum*
Kann in unserem eher kühlen gemäßigten Klima meist nicht ausreifen. Die reifen Samenkapseln enthalten Morphine, die zu den wirksamsten Schmerzmitteln gehören. Hinreißende, aber kurzlebige Blüten.
Kultur – Einjährige Pflanze, die sich leicht selbst aussät, bevorzugt Sonne und feuchten, lockeren Boden.

Süßholz / *Glycyrrhiza glabra*
Die Lakritzenwurzel wird als Heilmittel für Verdauungsleiden verwendet. Auszüge sind in Medikamenten gegen Magen- und Darmgeschwüre enthalten.
Kultur – Große, blau blühende Staude aus dem Mittelmeerraum, braucht viel Sonne und tiefgründigen, nahrhaften, durchlässigen Boden.

Wurmfarn / *Dryopteris filix-mas*
Dekorativer Wuchs, weich gefiederte Wedel. Früher als adstringierendes und schweißtreibendes Heilmittel verwendet.
Kultur – Der heimische Farn ist in Gärtnereien erhältlich. Die Anzucht aus Sporen ist mühsam. Winterhart, benötigt Schatten und feuchten Boden.

Zaubernuss / *Hamamelis virginiana*
Wegen der reinigenden und adstringierenden Wirkstoffe in der Homöopathie und Kräuterheilkunde beliebt als Mittel gegen Hautbeschwerden.
Kultur – Ein Laub abwerfender, zierlicher Strauch mit schöner Herbstfärbung und Winterblüte. Benötigt tiefgründigen, torfigen Boden in Sonne oder Halbschatten.

Zitronenmelisse / *Melissa officinalis*
Ein Tee aus den Blättern wirkt am Abend Schlaf fördernd und hilft auch bei Erkältung und Grippe. Gute Bienenweide.
Kultur – Beliebte, große Bauerngarten-Staude, gedeiht fast überall.

Zitronenverbene / *Aloysia triphylla*
Der Tee aus den Blättern wirkt Fieber senkend und mild beruhigend auf die Verdauung.
Kultur – Unter Glas vorziehen und im Frühsommer an einen warmen, geschützten Platz pflanzen.

Der heilende Garten

Die Kunst ganzheitlicher Heilung

Wir beginnen zu verstehen, dass allen Dingen ein zutiefst ganzheitliches Wesen zu Grunde liegt. Jeder lebende Organismus hat seinen festen Platz und seine sinnvolle Rolle in der Ordnung der Natur. Bei Pflanzen ist besonders der Austausch von chemischen Stoffen mit ihrer Umgebung von Bedeutung. Wir Menschen lieben bestimmte Pflanzen wegen ihrer Farbe oder ihrer Form, wegen ihres Duftes oder ihres Nährwertes. Das Leben einer Pflanze hängt von dem Überleben und Erfolg ihres Samens ab, der eine bestimmte ökologische Nische finden muss, das Wachstum wird bedingt von der spezifischen Aufnahme und Abgabe bestimmter Spurenelemente. Das Zusammenwirken von Gasen, Mikroben, Sonnenlicht und mit Nährstoffen angereichertem Wasser ist wesentlich für den Austausch lebensnotwendiger Ressourcen.

Je mehr wir über das Leben der Pflanzen lernen, umso mehr erkennen wir ihren Nutzen. Ihre Chemie ist der unseren nicht unähnlich, schon darum spielen Pflanzen eine wesentliche Rolle für ein gesundes Leben.

Lavendel / *Lavandula officinalis*

Eine der ältesten und beliebtesten Duft- und Heilpflanzen. Schon bei den alten Griechen und Römern – und wahrscheinlich lange davor – war Lavendel und seine belebende Wirkung bekannt. Im 16. Jahrhundert meinte man, er sei »vor allem für Schmerzen und Leiden des Herzen und des Kopfes gut. Anzuwenden für Krankheiten des Gehirns, hervorgerufen durch Kälte. Auch zur Beruhigung des Magens und für Verstimmungen der Leber und der Milz.« Lavendel wird zur Behandlung verschiedenster Leiden eingesetzt, darunter Angstzustände und Anspannung, Arthritis und Rheuma, Verstopfung, Blähungen und Appetitlosigkeit, Insektenstiche, Schlaflosigkeit, Muskelschmerzen, Übelkeit und nervöse Beschwerden.

Die Blätter können jederzeit geerntet werden. Blüten und Stiele sollte man schneiden, sobald sich die Blüten öffnen. Man trocknet sie, indem man sie kopfüber in einer kleinen Papiertüte aufhängt. Lavendel wird als Tee, Tinktur oder ätherisches Öl genutzt. Die Blätter werden frisch oder getrocknet verwendet, doch verlieren sie beim Trocknen einen Teil ihrer Wirkung. Hängen Sie einmal ein Sträußchen blühender Lavendelstiele beim Einlassen eines Bades unter den Heißwasserhahn und erleben Sie den herrlichen Duft und den beruhigenden Effekt.

Lavendel ist einfach zu ziehen. Man sät ihn im Spätsommer aus oder bewurzelt im Frühling 10–20 cm lange Triebstecklinge. Die Pflanzen auf Abstände von 30 bis 45 cm ausdünnen, um eine kleine Hecke zu erhalten. Lavendel liebt heiße, sonnige Standorte und sandigen Boden, gedeiht aber auch an anderen Plätzen. Für kompakten Wuchs die Pflanzen im Frühling zurückschneiden. Am schönsten sind die großblütigen »französischen« Lavendelsorten.

Kräuterzubereitung zu Hause

• **Infusion** – Ein Kräutertee. Man übergießt Blätter oder Blüten mit kochendem Wasser und lässt sie einige Minuten lang ziehen. Dabei werden die Wirkstoffe vom Wasser aufgenommen. Vor der Verwendung abgießen.
• **Kompresse** – Leinen, Baumwolle oder Flanell wird in einen Kräutertee oder einen Auszug getaucht und warm oder kalt auf die Haut gelegt, z. B. bei Abschürfungen, Prellungen, Muskel- und Gelenkschmerzen.
• **Öl** – Man lässt die Blätter oder Blüten etwa einen Monat lang in gutem, geruchlosem Öl (Süßmandel- oder Traubenkernöl) mit einem kleinen Zusatz von Essig an einem warmen Ort ziehen. Abgießen und die Kräuter wegwerfen. Gut als Massageöl oder für die Duftlampe.
• **Salbe** – Fein zerriebene Kräuter oder Blüten in geschmolzene Vaseline einrühren und 20 bis 30 Minuten lang simmern lassen. Vor der äußerlichen Anwendung die festen Bestandteile entfernen.
• **Sirup** – Einer Kräuterinfusion wird Zucker zugegeben und so lange unter Rühren eingekocht, bis die Flüssigkeit eindickt. Besonders bei Kindern beliebt.
• **Tinktur** – Die zerstoßenen, getrockneten Blätter und Blüten werden in Alkohol mit etwas Wasser eingelegt. Brandy, Gin oder Wodka eignen sich gut. Mindestens 14 Tage ziehen lassen, täglich schütteln, dann abgießen, umfüllen und nach Bedarf mit Wasser verdünnen.

Warnung – Behandeln Sie niemals auf eigene Faust Beschwerden. Suchen Sie immer erst fachmännischen Rat. Bei anhaltenden Beschwerden sollten Sie einen Arzt oder einen erfahrenen Heilpraktiker aufsuchen.

Garten-Inspirationen

Auf den folgenden Seiten lernen Sie einige Gärten kennen, die Ihnen eine Fülle von Anregungen für Ihr eigenes grünes Refugium bieten. Jeder Garten ist ein Beispiel für perfekte Harmonie mit der Natur, zugleich haben alle eine ästhetische Qualität, die über optische Schönheit weit hinausgeht. Kunstvolle Anlagen regen die Fantasie des Betrachters an, in jedem Garten findet man originelle neue Ideen. Diese Gärten sind nicht nur interessant oder schön – sie bieten vor allem sinnliche Erfahrungen, die uns lehren, unseren Geist neuen Ideen zu öffnen.

»Wir meinen, dass es eine Zeit zum Spielen und eine Zeit zum Arbeiten gibt. Wir beklagen uns, dass wir für all das Spielerische, das wir uns wünschen, zu wenig Zeit haben. In allen primitiven Gesellschaften, die ich besucht habe, verschmelzen diese beiden Begriffe oder genauer: Niemand macht wirklich einen Unterschied.«

Elman S. Service, Anthropologe

Der Waldgarten

Grüne Zuflucht in der Stadt?

Robert Harts Waldgarten in Shropshire liegt die Überzeugung zu Grunde, dass jeder gesunde Pflanzenorganismus natürliches Leben anzieht und zugleich Schädlingen und Krankheiten Widerstand leistet. Seiner Ansicht nach bildet die Natur ein eigenständiges Immunsystem, von dem der Apfelbaum ebenso profitiert wie der Buchfink: Die intakte Natur schafft sich selbst ein gesundes Gleichgewicht. Damit dieses Wunder funktioniert, ist es wichtig, Nützlinge in den Garten zu locken und Schädlinge wie Krankheiten im Zaum zu halten. Diese Miniaturausgabe eines Waldes ist ein sich selbst regulierendes Ökosystem. Es besteht aus Nuss- und Obstbäumen, Sträuchern, Stauden und einjährigen Pflanzen, aus Gemüse, das sich selbst aussäen darf, Küchen- und Heilkräutern.

Ein Wald im Kleinformat

Robert brauchte nur zwei Jahre, um seinen Garten anzulegen. Die Pflanzen sind so geschickt gewählt, dass der Garten sich selbst düngt, mulcht, wässert und heilt. Lediglich ein Mal im Jahr müssen allzu wüchsige Sträucher und Bäume beschnitten werden, außerdem werden jedes Jahr im Herbst, wenn die Stauden abgewelkt sind, die Beete mit Kompost gemulcht.

Gibt es eine bessere Form, um sich eine erholsame Oase zu schaffen, als diese von der Natur selbst erdachte? Der beste Weg, um Schäden an der Natur zu heilen besteht darin, das Wesen der Natur nachzuempfinden. In diesem Sinne ist der Waldgarten ein perfektes Beispiel für eine neue, natürliche Ästhetik.

Pflanzen und Bäume, die Vögel, Schmetterlinge und Insekten anlocken

Bartblume	*Caryopteris x clandonensis*
Berberitze	*Berberis x tsenophylla*
Eberesche	*Sorbus aucuparia*
Eibe	*Taxus baccata*
Fetthenne	*Sedum*
Feuerdorn	*Pyracantha*
Geißblatt	*Lonicera periclymenum*
Hartriegel	*Cornus sanguinea*
Heliotrop	*Heliotropium*
Herbstaster	*Aster novi-belgi*
Holunder	*Sambucus niger*
Holzapfel	*Malus*
Kornblume	*Centaurea cyanus*
Lavendel	*Lavandula*
Nachtkerze	*Oenothera biennis*
Schleier-Eisenkraut	*Verbena bonariensis*
Schmetterlingsstrauch	*Buddleja davidii*
Schneeball	*Viburnum tinus und V. opulus*
Seifenkraut	*Saponaria officinalis*
Sonnenblume	*Helianthus annuus*
Spierstrauch	*Spiraea japonica*
Spindelstrauch	*Euonymus europaeus*
Stechpalme	*Ilex aquifolium*
Strauchveronika	*Hebe*
Thymian	*Thymus*
Traubenkirsche	*Prunus padus*
Wasserdost	*Eupatorium cannabinum*
Weberkarde	*Dipsacus fullonum*
Ysop	*Hyssopus officinalis*
Zwergmispel	*Cotoneaster horizontalis*

Der Kelchbrunnen – Glastonbury

Ein uraltes Garten-Heiligtum

Der Kelchbrunnen im Schatten des Glastonbury Tor, wo der Gral begraben sein soll, gilt als uralt-heiliger Ort. Früher erhob sich Ynis Witrin, die gläserne Insel, hoch aus einem flachen Binnenmeer. Die ersten Besucher fanden ein bemerkenswertes Naturphänomen: Aus dem Fels entsprang eine weiße Quelle nur wenige Fuß neben einer roten. Heute nimmt man an, dass es zwei Quellströme sind, die auf ihrer langen unterirdischen Reise unterschiedliche Mineralien und Nährstoffe aufnehmen, die für die unterschiedliche Färbung sorgen. Früher sah man das eisenhaltige rote und das kohlensäurehaltige weiße Wasser als Symbole für weibliches Blut und männlichen Samen an. Glastonbury wurde ein heiliger Ort, der über Jahrhunderte hinweg Pilger anzog.

Niemand weiß genau, wann die Gärten um das Heiligtum angelegt wurden. Sie wurden immer wieder geschlossen, umgebaut und neu geweiht. Heute sind sie eines der wenigen alten Garten-Heiligtümer, die erhalten geblieben sind.

Seit den frühen 1960er Jahren wurde im Garten der »Blutquelle« an dem sanft abfallenden Hang eine Reihe von Becken und Terrassen angelegt, durch die das Wasser mit einer Geschwindigkeit von 4500 l pro Stunde strömt. Dort findet man mehrere rot geflieste Teiche und Zeremonienbecken sowie herrliche Gärten zum Meditieren. In den letzten Jahren haben sich die Gärten zu einer Touristenattraktion entwickelt. Dadurch stand mehr Geld zur Verschönerung der Anlagen zur Verfügung. An grasbewachsenen Ufern voller Zwiebelblumen und im lichten Schatten der Bäume wurden neue Beete geschaffen. Es ist ein idyllischer Ort, trotz der stark befahrenen Straße in der Nähe. Hier kann man sich nach dem anstrengenden Aufstieg zum Tor wunderbar entspannen.

Die Quelle selbst ist heute geschlossen, doch die steinerne Kontur des Brunnens erinnert noch an den alten Pilgerort. Als Abdeckung des Brunnenschachtes dient ein symbolischer Deckel mit zwei ineinander verschlungenen Kreisen, Sinnbild für die Verschmelzung der spirituellen und der materiellen Welt. Die Vesica Piscis, ein Oval aus zwei überlappenden Kreisen (oben), ist ein mächtiges Symbol der Schöpfung und der Regeneration der Natur. Moderne Pilger sehen hier das Sinnbild für ein neues Verständnis der Heiligkeit der Natur. Man denkt daran, das rote und das weiße Wasser als Symbol globaler Harmonie zusammenzuführen. Im Garten um die rote Quelle trifft man sich heute zu Gebeten für den Weltfrieden.

Praktische Anregung

Schaffen Sie in Ihrem Garten auch einen symbolischen Punkt in Verbindung mit einem Wasserspiel, an dem Sie sich »erden« und sich den Wünschen für Weltfrieden und Harmonie anschließen können.

Jarmans Garden

Treibholz in Bestform

Der verstorbene Filmregisseur und Autor Derek Jarman hat an einem Kieselstrand bei Dungeness an der englischen Südküste einen erfrischend anderen Garten geschaffen. »Gertrude Jekyll würde sich im Grab umdrehen.« Man sieht auf den ersten Blick, wie der Garten entstanden ist: Morgendliche Spaziergänge an den Strand erbrachten wundervolle Beute – ungewöhnliche, ausgewaschene Steine und skurriles Treibholz.

So entstand ein einzigartiger und natürlicher Skulpturengarten. Die Objekte, die hier angekommen sind, tragen die Spuren ihrer langen Reise.

Nachdem Jarman sich in Gärtnereien umgesehen hatte, wurde die Bepflanzung mit heimischen Blumen vielfältiger, ohne den wilden Meerkohl zu verdrängen, der überall zwischen Kieseln und Flintsteinen hervorquillt. Der Garten hat keinen Zaun – wie in einem japanischen Tempelgarten verschwimmen die Grenzen zwischen dem gestalteten Bereich und dem umgebenden Strand. Der Garten geht nahtlos in das Marschland über, in dem man Steinbrocken und vereinzelte Flecken von Grün erkennt.

Es ist ein ökologisch gesunder Garten, der in einem Naturschutzgebiet liegt, dessen Vorschriften auch die Auswahl der Pflanzen beschränken. Kritik wurde laut, weil Derek einheimische Gewächse pflanzte. Doch würden sich diese als »Unkräuter« auch von allein an windgeschützten Stellen aussäen. Sie

wurden hinter Stechginster im Schutz von kleinen Kieshügeln gepflanzt – Leimkraut, Wegmalven, Hauhechel und Skabäen, die hochaufgeschossene Rose und der Holunder an der hölzernen Fischerhütte – sie alle lassen mitten in der Wildnis ein kleines Paradies entstehen.

Jarmans Garten ist eine eigenwillige Schatzinsel für das Alte und Abgewetzte, das Gefundene und das Sentimentale, ein Stapelplatz der Erinnerungen, eine Möglichkeit, das Treibgut des Lebens zu konservieren. Altes Werkzeug, der Griff einer Kelle, eine rostige Harke, der man viele nützliche Lebensjahre ansieht, werden zu Skulpturen, die fast verborgen zwischen den Pflanzen liegen. Alles scheint davon zu erzählen, wie einer auszog und das einzige, richtige Stück fand. Diese »Skulpturen« sind mit Steinen geschmückt, deren verwitterte Form nur von der Natur geschaffen werden konnte, sie stehen für Dauer im Wechsel.

Praktische Anregung

Wenn Sie das nächste Mal spazierengehen, heben Sie einen knorrigen Ast oder verwitterten Stein auf und geben ihnen einen würdigen Platz in Ihrem Garten.

»Was bliebe von der Welt, allen Wassers und aller Wildnis beraubt? Erhaltet sie, oh, erhaltet sie, Wasser und Wildnis, lang lebe der Wildwuchs und die Wildnis«

Gerald Manley Hopkins

Hannah Peschar Skulpturengarten

Höhenflüge der Fantasie

Die Freude an der Einheit von Kunst und Natur

Zur Tradition der »Heiligen Gärten« gehört es, Kunstwerke in Auftrag zu geben, die die Weihe des Ortes betonen. Götterstatuen, Heiligenbildnisse und symbolische Objekte werden nach einem sorgfältigen Plan aufgestellt, um die Aufmerksamkeit anzuziehen und die Fantasie anzuregen.

Auch bei der modernen Interpretation eines »Heiligen Gartens« können Kunstobjekte eine große Rolle spielen. Die meisten von uns denken zwar gelegentlich an Gartenskulpturen, tun sich aber mit der Auswahl der geeigneten Materialien oder Formen schwer. Im eigenen Garten fällt die Entscheidung leichter, wenn wir uns überlegen, welche Bilder uns inspirieren. Denken Sie an Dinge, die für Sie eine persönliche Bedeutung haben. Dann überlegen Sie, in welcher Weise die umgebende Natur sie ergänzen oder beleben könnte – das macht die Entscheidung leichter.

Ein wundervolles Beispiel ist Hannah Peschars Skulpturengarten mitten im größten zusammenhängenden Waldgebiet südlich von London, in Ockley in der Grafschaft Surrey. Der 10 ha große Garten bietet mit Skulpturen von rund 45 Künstlern faszinierende Entdeckungen und Überraschungen. Verschlungene Pfade und moosbedeckte Stufen, schimmernde Teiche und plätschernde Bäche harmonieren perfekt mit Skulpturen in Höhlen und auf Lichtungen. Die Kunstwerke wirken so natürlich, als wären sie zufällig gerade dort entstanden. Schaut man von einer Brücke wie bei Monet über ein Wehr oder schlendert man zwischen Mammutblatt und Goldkolben einen Uferpfad entlang, entdeckt man bald den nächsten überraschenden Blickfang – und es gibt viele davon – der sich im zauberischen Spiel von Licht und Schatten präsentiert.

Kunst und Natur sind hier gleichberechtigt wie die Facetten eines Edelsteins: eine teilweise versteckte Form, ein Winkel, ein zarter Lichtstrahl. Wenn die Vision des Künstlers und die Kulisse stimmen, ergänzen und steigern sie einander, die Grenzen zwischen ihnen verschwimmen und es entsteht eine dynamische Energie, die unsere Fantasie beflügelt.

Ein Windstoß bringt alles in Bewegung. Es ist Zeit zum Träumen auf einer grünen Rasenbank, bevor man die nächsten faszinierenden Skulpturen in versteckten Winkeln entdeckt. »Dies ist kein Garten für Ängstliche«, sagt Hannah Peschar. Und sie hat Recht. Hier sind Überraschung und sinnliche Unverfrorenheiten mutig kombiniert, subtile Naturerlebnisse und greifbar gewordene Fantasie. Die Spannung wächst, wenn sich das Spektakel Schritt für Schritt entfaltet.

Wenn je ein Garten geschaffen wurde, der uns das Göttliche näherbringen könnte, dann dieser. Bei aller Größe liegt die eigentliche Magie in winzigen Details. Da gibt es den Abdruck hängender Zweige im Wasser, spiegelnde Lichter oder eine einzelne Pflanze, auf einem Hügel hervorgehoben. Und hinter dem Stechpalmenbusch wartet das nächste Geheimnis auf seine Entdeckung …

Praktische Anregung

Wie schon der Treibholz-Garten zeigte, können alle Objekte, die für Sie Bedeutung haben, zu Gartenskulpturen werden. Geben Sie dem Garten Ihre individuelle Note, indem Sie ein Kunstwerk integrieren, das Ihnen wichtig ist. Versuchen Sie, einen Bereich des Gartens zu bemalen oder gestalten Sie aus Naturmaterialien selbst eine Skulptur. Sie können sie betonen, indem Sie die Skulptur halb hinter Pflanzen verstecken oder überraschend in einer abgelegenen Ecke des Gartens aufstellen.

Alte Traditionen

Die ersten bekannten Gärten lagen in einer Region, die man auch die »Wiege der Zivilisation« nennt, zwischen der heutigen nordafrikanischen Wüste und dem Tal des Euphrat. Diese frühen Gärten waren zum Schutz vor den Wüstenwinden mit Mauern umgeben, und hier gediehen Obst- und Nussbäume, Kräuter und Heilpflanzen.

Pflanzen ausschließlich wegen ihrer Schönheit zu ziehen war ein Luxus, der den armen Bauern jener Zeit noch fremd war. Bäume und Kräuter erfüllten eine Doppelfunktion. In symmetrischen Reihen gepflanzt, um Pflege und Bewässerung zu erleichtern, ergab sich ganz nebenbei auch eine dekorative Wirkung. Diese Gärten unterstreichen den Kontrast zwischen zwei Welten, der furchteinflößenden, unberechenbaren und machtvollen Wüste draußen und der inneren Welt, wo Nahrungs- und Heilpflanzen sicher vor der unkontrollierten Natur waren. Die Gärten boten den Menschen Schatten, Schutz und sogar Wasser, dazu Muße, den Geist zu erfrischen – sie waren ein geschützter Hafen für Wachstum und Nahrung.

Im Laufe einer Entwicklung, die sich über 10 000 Jahre erstreckte, wurden zahllose erholsame Gärten und heilige Haine angelegt, viele Pflanzen erhielten eine religiöse oder symbolische Bedeutung. Aus diesen schlichten Anfängen entwickelte sich eine Quelle ästhetischer Freuden, die wir heute gleichermaßen als bodenständiges Handwerk und hohe Kunst anerkennen: die Gärtnerei.

Ägypten und Jenseits

Mythische Anfänge

In der ägyptischen Kunst um 2800 v. Chr. finden wir stilisierte Darstellungen von Bäumen, Blumen und Blättern, die verraten, dass die Schönheit der Pflanzen aus ästhetischen wie praktischen Gründen geschätzt wurde. Die Palme mit ihren vielen Früchten war ein göttliches Fruchtbarkeitssymbol in den Tempelgärten. Papyrus, als Schreibstoff wie als Baumaterial genutzt, war ein Symbol der Auferstehung mit magischen Eigenschaften. Blätter und Blüten des Lotos galten ägyptischen, minoischen und assyrischen Künstlern als heilig. Da diese edlen, aber durstigen Pflanzen von künstlicher Bewässerung abhängig waren, wurden sie auch zum Symbol der Herrschaft des Menschen über die Natur: Ihre Blüten und Früchte waren Beweis der Macht.

Das berühmte sumerische Gilgamesch-Epos aus dem zweiten vorchristlichen Jahrtausend erzählt von Hainen der Ebene, in denen ein Fabelkönig Dattelpalmen und Tamarisken im Hof seines Palastes pflanzte. Die Früchte dienten als Opfergaben. In einem zeitgenössischen babylonischen Text heißt es: »Ich pflanzte einen Obstgarten für die Göttin und sorgte für regelmäßige Ernte, um ihr zu opfern.« Ein Siegel aus der gleichen Zeit zeigt eine Szene, ähnlich der Geschichte von Adam und Eva – ein Hinweis auf die Vorstellung, dass Bäume heilig waren. Zwei gehörnte Figuren, eine männliche und eine weibliche, sitzen zu beiden Seiten eines Baums der Weisheit, hinter dem eine Schlange verschlagen hervorlugt.

Der Garten Eden

Die ersten Berichte über heilige Gärten stammen aus der Zeit der Rückkehr der Assyrer im 10. Jahrhundert v. Chr. Besondere Bedeutung hatten Haine rings um die Tempel. Palmen, Pinien und Granatapfelbäume, unter denen die Rituale begangen wurden, standen als Symbole für mythologische Gestalten.

Ein assyrisches Relief zeigt eine Landschaft mit realistischen Bergen und Flüssen, Sümpfen, Parks und Gärten voll prächtiger Blumen, Bäume und Früchte. Man versteht, dass spätere Chronisten hier den Garten Eden ansiedelten.

Die wenigen noch erhaltenen Spuren von Palast- und Tempelgärten zeigen stille Höfe, in denen Palmen, Pinien und Obstbäume in geometrischen Mustern gepflanzt waren. Wasser wurde auf üppige Dachgärten befördert, die an die mesopotanischen Zikkurats erinnern. Diese künstlichen Berge waren Vorläufer der rampenähnlichen, baumgesäumten Treppen, auf denen Nebukadnezar II. später die berühmten hängenden Gärten von Babylon anlegen ließ.

Praktische Anregung

Gemälde und Hieroglyphen sehen auf Mauern faszinierend aus. Man kann draußen auch Bilder in wetterfesten Rahmen an eine senkrechte Fläche hängen. Wir beschäftigen uns meist eingehend mit den Pflanzen oder dem Boden – und denken zu selten an den Garten als Erweiterung des Hauses, als eigenes Zimmer, also an Bilder, verzierte oder farbige Mauern, Spiegel und Fliesen.

Der persische Garten

Wasser, der Stoff des Lebens

Wasser war das kostbarste Gut, und so wurde die Wüstenoase zum Vorbild für die Gartenkunst der Perser. Die besten Beispiele dieses Stils kann man noch heute in Spanien und Indien bewundern. Funkelndes, spritzendes und rieselndes Wasser, Schatten spendende Obst- und Nussbäume, farbenprächtige Blumen und geometrische Fliesenmosaiken werden den klimatischen Bedingungen angepasst. Ein schmaler, gerader Kanal zwischen bunten Fliesen wird gesäumt von geometrisch wirkenden Pinien und Zypressen. Überall kühlen Wasserspiele die Luft. Dem Koran zufolge entsprang ein Fluss, die Quelle allen Lebens und reinigende Kraft, im Garten Eden, um den Garten zu bewässern. Er teilt sich in vier Flüsse, die aus Wasser, Wein, Milch und Honig bestehen. Dieses Muster der vier Flüsse findet man in allen Gärten persischer Prägung.

Sie sind Oasen in einer chaotischen Welt, oft streng formal und symmetrisch angelegt – als Ausdruck der spirituellen Übereinstimmung mit der Ordnung des Universums. Wo Wasser fehlt, wird es symbolisch durch niedrige Myrtenhecken und gemusterte Steine ersetzt, die im Sonnenlicht schimmern. Blaue und goldene Fliesen reflektieren und imitieren Sonne, Wasser und Himmel.

Der ummauerte Garten

Vielleicht geht der persische Garten direkt auf die alten ummauerten und bewässerten Obstgärten zurück. Obst- und Nussbäume stehen in geraden Reihen an schmalen Kanälen, die das kostbare Wasser verteilen. Es war der Traum der Nomaden: ein kühler, schattiger Garten Eden hinter schützenden Mauern, mit fließendem Wasser, duftenden Früchten und Blüten. In abgesenkten quadratischen Beeten wachsen rote Rosen, Mohammeds Lieblingsblumen, sowie duftender Kletterjasmin, Heil- und Küchenkräuter, blaue Lilien, goldene Iris und rote Tulpen. Es ist das irdische Paradies, wie der Koran es beschreibt, und der Wein-Fluss wird durch Rebstöcke dargestellt, die im Schatten von Bäumen gepflanzt wurden.

In heißen Gegenden wurden im Schatten der Bäume Besucher empfangen, Mahlzeiten eingenommen und Gebete verrichtet. Beliebte Dekoration waren prächtig geflieste und mosaizierte Bogengänge. Vom Dach des Gartenhäuschen mit dem kleinen Minarett konnte man Mond und Sterne beobachten – es wurde zum Inbegriff persischen Gartenstils. Auf dem kühlen Fliesenboden mit Darstellungen des Wassers, der Blumen, Vögel und Bäume des Gartens, lagen prächtige bestickte Teppiche und Kissen.

Im Mittelalter waren islamische Gärtner berühmte Botaniker, Pflanzensammler und Züchter. Anders als heute legte man keine großen, dicht bepflanzen Beete an, sondern setzte einzelne Pflanzen bewusst in Szene, vielleicht als Solitär auf einem Rasen aus Klee.

Man sagt, dass die persische und islamische Gartenkultur unter den Mogul-Herrschern Indiens und Kaschmirs ihren Höhepunkt erreichte. Heute bleiben uns als Zeugnisse nur gemalte Miniaturen. Auf diesen jedoch sind großartige Anlagen abgebildet, die streng nach den überkommenen Regeln in ebenen oder gebirgigen Landschaften geschaffen wurden, mit Getreide und Obst, wilden Rosen, violetter Iris und safrangelbem Krokus – alles gespeist von den vier Flüssen des Koran. Die Herrscher feierten hier ihren Ruhm und Reichtum, indem sie die Wüste zum Blühen brachten.

Praktische Anregung

Wasser ist eines der zentralen Elemente in der persischen Gartenkultur. Da gibt es schmale Kanäle und winzige, gewundene Wasserläufe. Wenn wir an Wasser im Garten denken, fällt uns meist zuerst ein Teich oder Springbrunnen ein. Doch schön geformte Wasserläufe, etwa in einem Beet oder am Rand eines Weges, setzen im Garten ganz neue Akzente. Natürlich ist Sicherheit ein wichtiges Kriterium, doch brauchen solche Wasserläufe nicht tief zu sein.

Zen und japanische Gärten

Die Kunst des Understatement

Die Kunst des Zen und der japanischen Gärten basiert auf Understatement. Stein, Wasser, Sand und Moos, raffiniert geschnittene Bäume und duftende Blumen vermitteln eine Atmosphäre natürlicher Harmonie. Diese Tradition schlichter Schönheit hat sich kaum verändert, seit Buddha vor 2400 Jahren in den Klöstern und Gärten des Ganges-Tals predigte. Ihr einziger Zweck ist es, eine ruhige und natürliche Atmosphäre zu schaffen, in der sich der Betrachter von den Ablenkungen und Spannungen des Alltagslebens lösen konnte. Blumen gelten als angemessene Opfergabe. In ganz Asien, von Japan über Laos und Sri Lanka bis Tibet, bringen die Menschen in den Tempeln oder zu Hause ihre Opfer dar, mit Blumen, die zu genau vorgeschriebenen Stunden gepflückt werden. Alte Teerosen, Frangipani-Blüten, rosa und weißer Jasmin werden kunstvoll auf grünen Blättern arrangiert und zu Füßen des Buddha gelegt.

Der Garten ist Ort der Meditation, in der Wertschätzung der natürlichen Umwelt verwurzelt. Kleine Nachbildungen von Bergen, Wäldern oder Inseln ziehen die Fantasie an. Oft wird der Blick des Betrachters fast arglistig auf eine Szene von besonderer Ruhe oder Schönheit gelenkt. Ein holpriger Weg, auf dem man auf seine Füße achten muss, führt zu einer Plattform. Wenn man dann endlich befreit aufblickt, kann man die Aussicht genießen. Ein buddhistischer Klostergärtner wird die westliche Gartenkultur nicht kennen – der Unterschied liegt in dem Konzept, die Grenzen zwischen dem Garten und der umgebenden Landschaft zu verwischen. Die symbolischen Bildwelten sind von stiller, schlichter Schönheit, in den östlichen Gärten gibt es keinen Wildwuchs – alles ist auf das subtilste durchgeplant.

Vier Gartenstile

Vier Gartenstile sind in Japan besonders beliebt. Der trockene Steingarten besteht aus großen, moosbewachsenen Findlingen, die auf geharktem Sand oder Kies liegen und wie Inseln im Meer wirken. Im Wassergarten findet man kleine Wasserfälle und Tropf-Skulpturen. Der Garten des Literaten ist klein und ruhig, mit Sitzplätzen, die zu Gesprächen oder zum Lesen einladen. Sein modernes Gegenstück ist vielleicht der kleine Innenhof in der Stadt, mit Landschaftsbildern auf den Mauern und einem Buchsbäumchen im Kübel. Der Teegarten dient dazu, auf dem Weg zur Teezeremonie Ruhe und Entspannung zu finden. Auf Trittsteinen überquert man kleine verschlungene Pfade, die an Wasserläufe erinnern, muss man seinen Schritt verlangsamen, zieht sich für ein Weilchen von den Ablenkungen der Welt zurück, um sich auf das Wesentliche zu konzentrieren.

Praktische Anregung

Versuchen Sie einmal, einen Trockengarten anzulegen. Sie brauchen nicht mehr als eine kleine Kiesfläche, die Sie harken können. Legen Sie in die Mitte einige große Findlinge und stellen Sie Kübel- oder Steingartenpflanzen dazu, um Assoziationen an einen Wald oder einen Berg zu wecken.

Amerikas Ureinwohner

Der Mythos vom Paradies

Die Ureinwohner Amerikas waren nomadische Jäger und Sammler. Sie betrachteten die Natur als ihre Ernährerin und zugleich als ihren Tempel. Obwohl sie keine Gärten anlegten, soll ihr Mythos von der Entstehung des Paradieses erwähnt werden, der sich auch auf einigen Pazifikinseln findet. Zentrum des Mythos ist »Mutter Erde« – auch wir Menschen haben uns aus ihrem fruchtbaren Schoß entwickelt, der alle Lebenskraft der Erde enthält. Wir durchlaufen verschiedene Phasen als Naturgeister, auf mystischen Daseinsebenen, die hinter der physischen Welt liegen. Ähnliche Traditionen findet man auch in anderen Religionen. Die wohl beste Darstellung dafür ist das Medizinrad der amerikanischen Ureinwohner, eine Metapher für die Reise durch das Leben. Das Medizinrad wird als Kreis aus Steinen dargestellt, die für die einzelnen Lebensabschnitte stehen, die oft auch als Tiere und Pflanzen beschrieben werden. Pflanzen, Bäume, Tiere, Erde und Himmel werden als fühlende Lebewesen betrachtet und mit Respekt behandelt. Jedes Element, jedes damit verbundene Geisterwesen, jeder Schritt auf diesem Weg beinhaltet ein Geschenk für uns Menschen – eine besondere Medizin.

Das Medizinrad der amerikanischen Ureinwohner

Himmel – Heimat der Sterne und der Sonne, deren Licht den Funken des Lebens bringt.
Erde – Spenderin der Geburt, Ernährerin des Lichts.
Osten – Der Adler und das männliche Prinzip. Losgelöst, betrachtet die Dinge mit Abstand, bringt Erneuerung und Erleuchtung.
Süden – Der Kojote, das kindliche Vertrauen und die Unschuld. Reist durch den Tag, unterstützt das Wachstum, das Grün der Pflanzen und das rote Blut des Lebens.
Westen – Der Bär und das weibliche Prinzip. Geist der Intuition und der Innenschau. Der Ort, an dem Dinge zum Ende kommen. Die dunkle, geheimnisvolle Nacht.
Norden – Der Büffel, Hüter der Weisheit. Spender alles Lebensnotwendigen: Wasser, Nahrung und Schutz. Ort des Dankes.

Praktische Anregung
Das Medizinrad

Um nach Tradition der amerikanischen Ureinwohner einen geweihten Ort zu schaffen, legt man ein Medizinrad aus. Vier Steine werden nach dem Muster des Naturkalenders in den vier Himmelsrichtungen platziert. Zwei Steine legt man in die Mitte – sie symbolisieren »oben« und »unten«, Himmel und Erde. Es ist eine Hilfe beim Beten oder Meditieren, von Stein zu Stein zu gehen, jeden aufzuheben, ruhig anzusehen und dabei die Geister seiner Himmelsrichtung anzurufen. Man beginnt mit dem Himmel, dann folgt die Erde, anschließend die Richtungen Osten, Süden, Westen und Norden. Die Gebete kommen von Herzen, sie danken den Geistern für ihre Hilfe und bitten um Beistand für anstehende Aufgaben sowie um den Schutz alles Lebendigen. Rauchopfer in jede Himmelsrichtung sind das Symbol für den Atem des Lebens, der die Gebete davonträgt. Man kann sie mit Kerzen oder Räucherstäbchen darbringen, oder nach indianischer Tradition mit einer zeremoniellen Pfeife oder einem Bündel glimmender Salbeizweige.

Beginnen Sie mit sechs Steinen und fügen Sie erst weitere hinzu, wenn sich Ihr Verständnis für dieses Ritual vergrößert hat. Treten Sie beim Auslegen und Aufheben der Steine vorsichtig auf und erbitten Sie die Erlaubnis der Geister jeder Himmelsrichtung. Achten Sie auf Zeichen der Zustimmung oder Ablehnung. Es könnte sein, dass im Augenblick Ihrer Beschwörung ein Vogel zu singen beginnt oder die Sonne hinter einer Wolke hervorkommt.

Renaissance

Gärten im großen Stil

Im 16. Jahrhundert begannen die Menschen in Europa zu reisen wie nie zuvor, und sie brachten Reichtum und Wissen fremder Kulturen nach Hause. Kunst und Wissenschaft stießen zu neuen Horizonten vor, von denen bisher niemand zu träumen gewagt hatte. Zum ersten Mal begannen die Menschen wirklich zu glauben, dass Gott ihnen die Herrschaft über die Natur geschenkt hatte und dass ihnen Macht und Fantasie verliehen war, alles nur Denkbare durch Menschenhand zu schaffen. Reiche Kaufleute, Adlige und kirchliche Würdenträger stellten diese Macht in prächtigen Residenzen zur Schau – sowohl in der Architektur der Bauten wie in der Anlage der Gärten. Mittelalterliche Gelehrte gingen davon aus, dass der Garten Eden noch existierte. Als um die Mitte des 15. Jahrhunderts große Teile der Erde entdeckt waren, aber niemand den Garten Eden gefunden hatte, entschieden sie, ihn neu zu schaffen. Es galt, all seine Elemente als Beweis der schöpferischen Kraft Gottes zusammenzutragen. Im Bund mit den neuen Wissenschaften, der platonischen Geometrie, der Alchimie und der aufkeimenden Biologie und Chemie wurde es unter den Reichen und Mächtigen fast zur Mode, keine Mühen und Kosten zu scheuen und den Traum von einem geordneten Universum nachzubilden. So entstanden fantastische Gärten von höchster Üppigkeit und Extravaganz.

In Italien und später in Frankreich versuchte man, die Landschaft um Villen und Herrenhäuser zu zähmen und zu beherrschen. Künstliche Seen und klassische Säulen, Statuen und Grotten, Pavillons und majestätische Brunnen wurden angelegt, zu denen streng geometrische Alleen mit akkurat beschnittenen Bäumen führten. Ludwig XIV. ließ die Gärten von Versailles als Symbol seiner Macht und seiner Identifikation mit Sonne und Universum anlegen. Die Arbeiten nahmen mehr als 50 Jahre in Anspruch, und die völlig neue Dimension dieser Anlagen beeinflusste die Kunst in Europa, Russland, Amerika und sogar in China. Mit dem formalen Stil, der die uneingeschränkte Macht des Menschen über die Natur ausdrückt, wurde eine Tradition der Gartenkunst geschaffen, die bis in unsere Zeit hinein lebt.

Das Parterre

Traditionell ist das Parterre ein Muster auf dem Gartenboden. Das formale Muster sieht man meist am besten von einem Hügel oder einer erhöhten Terrasse. Knotenbeete, Irrgärten und Labyrinthe aus beschnittenem Buchsbaum, Myrte, Kräutern oder anderen Pflanzen mit dekorativem Laub, weit seltener aus Blumen, gehören dazu. Manche Parterres wirken wie das erhabene, raffiniert gewebte Muster eines Teppichs, der im Garten ausgebreitet ist. Der regelmäßige Formschnitt macht viel Arbeit, doch bringen gerade Parterres mit strengen geometrischen Konturen die Vorstellung von der »ordnenden« Hand des Menschen gut zum Ausdruck.

Zeichnen Sie Ihr gewünschtes Muster zuerst maßstabsgetreu in der Form Ihres Beetes auf Papier vor. In einem Garten zum Wohlfühlen ist ein klassisches Mandala ein ideales Motiv von zeitloser Schönheit. Und die ruhige Arbeit des regelmäßigen Schneidens bietet zugleich Gelegenheit zur Meditation.

Archetypische Symbole

Je größer unser wissenschaftliches Verständnis wird, um so mechanischer und inhumaner wird unsere Weltsicht. Die Menschen haben immer weniger mit der Natur zu tun und ziehen sich in eine Isolation zurück. Weil die symbolische Identifikation mit der Natur verloren geht und unsere Abhängigkeit von der Wissenschaft wächst, verlieren wir die emotionale Energie, die wir einst aus der Natur bezogen. Wir glauben nicht mehr daran, dass der Donner die Stimme eines zornigen Gottes ist oder der Blitz sein warnender Bote. Wir sehen keine Geister in den Flüssen, die Bäume sind nicht mehr Verkörperung eines Lebensprinzips, die Schlangen nicht mehr Sinnbild der Weisheit. Nur ein bisschen Aberglaube ist uns noch geblieben: die Zahl 13 soll Unglück bringen, ebenso schwarze Katzen oder das Hindurchgehen unter einer Leiter.

In unserem Garten gibt es viele Symbole, mit denen wir unsere Erinnerung an die tiefe, alte Verbindung zur Natur erhalten und zu neuem Leben erwecken können. Das mag eine bestimmte Pflanze sein, oder ein Baum, eine Farbe, eine Blüte, eine Statue oder eine Dekoration. Wir können uns ganz bewusst ein Refugium vor dem Chaos der Welt schaffen, und wenn wir unsere symbolische Beziehung zur Natur genauer erkunden, werden wir ein Gefühl von Gesundheit und Wohlbehagen wiederfinden.

Die Fruchtbarkeit der Felder ist eines der ältesten und stärksten Symbole, das für mehr als nur für Nahrung steht. In östlichen Religionen werden viele Gottheiten aus Blumen geboren, Blumen sind das Symbol für alles, was gut und üppig ist: für das Paradies, den fruchtbaren Kosmos und die Geheimnisse des Lebenszyklus.

Es gelingt uns Menschen oft leichter, uns mit dem aufrechten Wuchs von Pflanzen und Bäumen zu identifizieren als mit der horizontalen Statur von Tieren. So wurden Pflanzen zum Symbol für das Wachstum aller Wesen auf ihrem Weg zur Erleuchtung oder zum Himmel. Früher glaubte man, dass in den Pflanzen mythische Wesen leben, etwa die hinduistischen Devas oder Elfen.

Der heilige Baum des Lebens

Bei dem Versuch, dem Leben eine tiefere Bedeutung zu geben, haben die Menschen seit jeher ihre Umgebung einbezogen. So wurde der Baum zu einem zentralen Symbol. Als die Mythen sich weiter entwickelten sah man in ihm die Achse des Universums, die wichtigste Verbindung zwischen Himmel und Erde. Seine Krone, die unsere Hoffnungen und Sehnsüchte trägt, berührt den Himmel, seine Wurzeln sind die Pfeiler der Welt, die tiefe, dunkle und unbewusste Quelle aller Weisheit. Der Baum ist schön, freigibig und nützlich, er ist Baumaterial, Werkzeug und Nahrungsmittel, er nährt, beschirmt und schützt die ganze Schöpfung.

Man findet den Baum in allen Mythologien, von der ägyptischen Göttin Nut, die einem Feigenbaum entsteigt und Unsterblichkeit verleiht, bis zur nordischen Weltesche Yggdrasil, die Himmel, Hölle und Erde verbindet. Jede Kultur und jedes Leben wurde von diesen sanften Riesen gewiegt, gestützt und genährt. Bäume strukturieren unsere Landschaften und sind Zeugen der Geschichte, mit Erinnerungen, die weit über unsere hinausgehen. Der Olivenbaum, schon in der Genesis erwähnt, gilt bei Arabern und Juden als Quelle des Lebens: Für die einen ist er Symbol Abrahams, für die anderen Symbol von Mohammeds Traum. Die Göttin Athene pflanzte bei der Gründung der Stadt Athen Olivenbäume auf der Akropolis, die über die Kraft der Wiedergeburt verfügten.

Der Baum als Symbol göttlicher Weisheit spielt in vielen Mythen eine zentrale Rolle. Rührte die vielbeschriebene Versuchung von einem Apfelbaum her, von einem Feigenbaum oder vielleicht von einer Palme? Alte Märchen erzählen, dass Eichen und Eiben die Gedanken der Toten in alle vier Winde verstreuen. Der Weihnachtsbaum wird noch heute im Winter als Sinnbild des Lebens aufgestellt, die Linde steht für den Frieden und die Befreiung vom Joch der Tyrannei. In der Jahrhunderte alten Tradition der Kabbala ist der Baum des Lebens zugleich die Leiter zu einer höheren Bewusstseinsebene, die wir Sprosse für Sprosse, Ast für Ast emporsteigen müssen, bis wir die Krone und damit die Erleuchtung erreichen.

Blumen der Seele

Verschiedene Blumen haben spezielle Bedeutungen, und meist basiert die Symbolik auf dem Wesen oder der Form der Blüte. Besonders häufig findet man Blumen als archetypisches Symbol für die Seele. Eine kurzlebige Blüte steht als Symbol für den Lauf der Sonne, die Freuden des Lebens und die Vergänglichkeit des Vergnügens. Die Tradition, Blumen auf Tote und Gräber zu werfen, ist eine Analogie für Blühen und Vergehen.

Im Hinblick auf den Symbolcharakter der verschiedenen Blütenfarben herrscht in unterschiedlichen Kulturen relative Einigkeit. Orangefarbene und gelbe Blüten stehen als Symbol für die Sonne, Rot versinnbildlicht die Beziehung zur Tierwelt, zu Blut und Leidenschaft. Blau ist Symbol des Unmöglichen, vielleicht eine Anspielung auf den mythischen Gral, auf etwas, wonach man strebt, ohne es je im irdischen Leben zu erreichen. Weiß steht für alles Gute und Reine, für den Übergang der Seele auf eine göttliche Bewusstseinsebene.

Personifizierung – Statuen und der Grüne Mann

Die Welt im Kleinformat

Klassische Statuen von Göttern oder gottähnlichen Wesen, Helden oder Heldinnen, ja selbst Gartenzwerge tragen ein Stück von der Idee des »universalen Menschen« in sich. Die gemeinsame Darstellung von Mann und Frau ist Symbol für das Gegensätzliche, für Gut und Schlecht, für Oben und Unten, für Heiß und Kalt, für Nass und Trocken – für den Samen, der die Ganzheit des Lebens enthält. Die Alchimisten drückten diese Konstellation durch Schwefel und Quecksilber aus. Sie meinten, dies sei das metallische Gerüst, mit dem man das Fundament des Lebens bauen könne.

Die menschliche Gestalt wird oft benutzt, um den Mikrokosmos innerhalb des Makrokosmos und die Fülle der Möglichkeiten darzustellen. Stellen Sie sich vor, Sie seien eine kleine, in sich geschlossene Welt neben Sonne, Mond und Sternen – dann werden Sie die archetypische Symbolik leichter verstehen. Auf halber Strecke zwischen Himmel und Erde ist der Kopf, dem Himmel zugeordnet, der Atem steht für die Luft, der Bauch für das Meer und der untere Körperbereich für die Erde.

Auch die verschiedenen Körperhaltungen haben hohen Symbolcharakter – der Gekreuzigte mit ausgestreckten Armen steht für die Vereinigung der Welten, die hockende Stellung des Buddha und der nordischen Gottheiten für den Verzicht auf die niederen Instinkte. Gerade Buddha symbolisiert eigentlich keine Person oder Gottheit, sondern eher ein Wesen, eine Lebensweise, die wir befolgen sollen.

Der Grüne Mann

Eine der ältesten, diffusesten und zugleich mächtigsten Figuren vieler Mythologien ist der »Mann in den Bäumen«. Sein wesentliches Merkmal in allen Darstellungen ist, dass er mit den Bäumen verschmelzen und unsichtbar werden kann. Dieses Bild hat eine besondere Faszination, weil es unsere tiefen und meist unbewussten Verbindungen zur Natur verkörpert.

Das Bild der Blättermaske, das im Mittelalter von der Kirche übernommen wurde, geht auf viel ältere heidnische Traditionen zurück. Halbmenschliche Wesen, die durch ein Blättergewirr spähen, finden sich auf den Wänden von Tempeln und Grabkammern in der römischen Kunst des ersten vorchristlichen Jahrhunderts. Im Mittelalter betrachtete man den Grünen Mann als Waldgeist. Im Frühling trug man Figuren aus frischen Zweigen durch die Straßen und rief dazu »Der Grüne Mann ist da!« Als eine Art Fruchtbarkeitsopfer vergrub man dann die Blätter in den Feldern.

Im 16. und 17. Jahrhundert sah man Grüne Männer im Blättergewand auch bei Festzügen. Sie hatten als Pfeifer die Aufgabe, den Weg für die Prozession frei zu machen. Noch heute treten bei Frühjahrsfesten in den österreichischen Alpen ähnliche Gestalten auf, die den Winter mit einem Besen wegkehren.

In unserem Garten ist der Grüne Mann ein wichtiges Symbol. Er erinnert an die Wildheit und Kraft der Natur, an Werden und Vergehen. Er erinnert uns auch, dass das Menschsein tief in der Seele verankert ist und dass die ursprüngliche Wildheit für immer verschwinden könnte, wenn wir sie in die Vergangenheit abschieben. Er ist die Antithese zur Ordnung: chaotisch, unruhig, unzähmbar, wild und frei.

Das Universum der Formen

Der Kreis und die Ganzheit

Der Kreis ist das Symbol der Ganzheit und zugleich Zeichen für die Beziehung zwischen dem Menschen und der Natur. Kugel und Scheibe repräsentieren die lebensspendende Sonne und die bedeutsame Erfindung des Rades. Von den alten Sternguckern bis zu den Satellitenbildern unserer Zeit ist uns die 360-Grad-Ansicht unseres Planeten und des Himmels vertraut. Dem Psychologen C. G. Jung zufolge ist der Kreis auch ein Symbol für das Selbst. Von den primitiven Sonnenanbetern über Mythen und Träume bis zu den Meditations-Mandalas tibetanischer Mönche taucht der Kreis in allen Kulturen und Religionen auf, aber auch in der rationalen Wissenschaft. Er ist eines der ältesten, bedeutendsten und vielseitigsten Symbole der Menschheit.

Tiefe Verbindungen zum Weltgeist

Schon wenn man einen Kreis in den Sand malt, kann man eine Verbindung zu einem universalen Bewusstsein herstellen, das es seit Anbeginn der Zeit gibt. Die vielfältigen Arten, diesen Kreis aufzuteilen, führen uns weiter zu einer Fülle von kulturellen und metaphysischen Symbolen. Eine der ältesten Ideen ist die Aufteilung in zwei Hälften, eine helle und eine dunkle. Diese im Kreis enthaltenen Gegensätze werden bei den Chinesen Yin und Yang genannt, und daraus haben sich viele der östlichen Meditationsfiguren, Yantras oder Mandalas genannt, entwickelt. Sie fördern die Konzentration, regen den Geist an und beruhigen ihn zugleich. Sie können aus geometrischen Figuren wie Dreiecke, Quadrate, Winkel und Strahlen bestehen, Muster, wie man sie ähnlich auch in den Rosettenfenstern von Kathedralen und Moscheen findet. Denken Sie an Steinkreise, Sonnenräder, astronomische Sonnen- und Mondtempel. Der Kreis ist in allen Spielarten der klassischen, mittelalterlichen und modernen Kunst zu finden. Kirchenbauer und Stadtplaner haben versucht, Möglichkeiten und Symbolik des Kreises auszuschöpfen. Ein Höhepunkt waren die mathematischen und spirituellen Versuche mittelalterlicher Alchimisten, die »Quadratur des Kreises« zu finden.

Planet Erde – ein modernes Symbol

In den letzten Jahren haben wir alle ein beeindruckendes Bild gesehen: die Erde als blau-grünen Planeten, fotografiert aus dem Weltraum. Das Bild ist zu einer modernen Ikone geworden, zu einem Symbol, das alle Bewohner dieser kleinen Kugel angeht, die durch den Weltraum kreist.

Zukunftssymbole – eine neue Ästhetik

Innerer und äußerer Raum

Das letzte Jahrhundert war Zeuge vieler Entdeckungen, die das Tempo der Entwicklung dramatisch beschleunigt haben. Die vielleicht fruchtbarste Entwicklung war die Erweiterung unserer Vorstellungswelt aus zwei entgegengesetzten Richtungen. Wissenschaft und Metaphysik mit ihren so verschiedenen Ansätzen scheinen miteinander zu verschmelzen, treten in einen faszinierenden Dialog.

Entdeckungen in der Physik wie die Quantentheorie haben auch Fortschritte in der Astronomie ermöglicht, durch die wir nun Dinge erfahren können, die Millionen von Lichtjahren zurückliegen. Solche Entwicklungen stellen uns abermals vor die Frage, wer wir sind und woher wir kommen. Mit Hilfe von Elektronenmikroskop und Computer können wir Blicke auf kleinste Elemente des Lebens werfen, was den Kontrast zwischen äußerem und innerem Raum noch deutlicher macht. Als Zeugen des technologischen Fortschrittes staunen wir nur noch mehr über die Vielfalt und Größe der Natur.

Heute verstehen wir, dass das, was wir als Pflanzen, Tiere, Steine, Sand, Wasser und Luft sehen, in Wirklichkeit Ansammlungen vibrierender Moleküle und Atome sind. Sie scheinen chaotisch, wie zufällig zusammengefügt, und agieren doch planvoll. Formen und Bewegungen dieser kleinsten Teichen sorgen dafür, dass jeweils die einzigartige Form einer Blume, eines Blütenblattes, eines Gases oder Minerals entsteht. Wir beginnen, diese Zusammenhänge zu verstehen, doch gleichzeitig versetzt uns diese Welt des Unvorstellbaren in ein nahezu religiöses Staunen. Am Ende des 20. Jahrhunderts zeigt sich eine neue, faszinierende Ästhetik, und man muss kein Atomphysiker oder Zen-Mönch sein, um sie zu schätzen.

Ein Mandala für unsere Zeit

Als letztes Symbol in diesem Kapitel, das wir gern als Bestandteil eines heilenden Gartens sehen möchten, stelle ich ein ganz modernes Mandala vor – ein Fraktalbild, das dem Geist unserer Zeit entspricht. In Fritjof Capras Tao in der Physik finden wir die Erklärung für den Begriff: »Der Einfluss der modernen Physik reicht weit über die Technologie hinaus, bis in das Reich des Denkens und der Kultur, wo er eine Umwälzung unseres Weltbildes ausgelöst und eine neue Beziehung zum Universum geschaffen hat.« Das Mandala ist ein kompliziertes, mathematisch von einem Computer generiertes Bild. Ohne diese Technik wäre es nicht zu erstellen. Es beweist, dass etwas aus dem scheinbaren Chaos geschaffen werden kann, wenn unzählige, scheinbar zufällig agierende Faktoren zur gleichen Zeit zueinander in Beziehung treten. Unsere bisherige Ansicht, dass jedes Ding losgelöst von seiner Umgebung betrachtet werden kann, relativiert sich. Die Grenzen verschwimmen, es entsteht eine ganzheitliche Sichtweise, und wir erkennen, dass jedes Einzelne zugleich Teil eines Ganzen ist. Wir werden uns der Zusammengehörigkeit und der Wechselbeziehungen bewusst. Das führt dazu, dass wir uns von der Vorstellung lösen, Einzelindividuen zu sein und uns mit einer universellen Realität identifizieren.

Wir beginnen zu verstehen, wie alle Dinge miteinander verknüpft sind – wir selbst eingeschlossen. Dynamische Systeme wie etwa das Wetter setzen sich aus so vielen Faktoren zusammen, dass sie äußerst sensibel auf die geringsten Einflüsse reagieren. Die Hitze, die von einer Straße aufsteigt, der Flügelschlag eines Moskito in Madagaskar – solche Winzigkeiten, die von den Messgeräten der Meteorologen nicht eingefangen werden, können das ganze Wettersystem beeinflussen.

Den Raum schaffen

Schritt für Schritt

Würden wir in einer idealen Welt leben, könnte der perfekte, sich selbst erhaltende Wunschgarten entstehen und gedeihen. Aber das Leben ist anders. In diesem Kapitel werden die Gedanken aus den vorhergegangenen Kapiteln zusammengefasst, um einen Garten zum Wohlfühlen zu schaffen. Doch bevor Sie damit beginnen, halten Sie einen Moment inne und betrachten, was schon vorhanden ist. Es ist viel einfacher, mit dem, was schon existiert, zu arbeiten, als alles von Grund auf neu zu erschaffen. Entscheiden Sie auch, ob Sie die Anregungen auf den gesamten Garten oder nur auf einen kleineren Bereich anwenden möchten.

Auf Ihre Absicht kommt es an

Experimentieren Sie mit den Ideen aus diesem Buch. Das Ziel ist, einen Garten zu schaffen, in dem Sie sich wohl fühlen. Es mag sein, dass traditionelle zeremonielle Gesänge in ihrer Originalsprache Schwingungen aussenden, die wohltuend auf bestimmte Teile des Körpers wirken. Wenn Sie diese Sprache nun aber nicht verstehen, setzen Sie Worte ein, die Ihren Vorstellungen entsprechen. Die Zeremonie des Agnihotre (siehe Seite 25) ist ein gutes Beispiel. Ihr einziger Zweck ist es, die Atmosphäre zu reinigen und die Nährstoffaufnahme zu fördern. Man kann dazu einen hinduistischen Gesang rezitieren. Wir versuchen, eine moderne Variante zu finden, in der Ihre Absicht im Vordergrund steht. Machen Sie sich Ihr eigenes Gedicht, schaffen Sie Ihren eigenen Gesang. Es ist allein Ihre Absicht, die für die gewünschte Wirkung sorgt.

Norden

Wasser und Blau
Das Klima ist kalt
Wintersonnenwende

Der dem Norden zugewandte Teil des Gartens ist der Farbe Blau zugeordnet, dem Element Wasser und Wellenformen. Hierher gehört auch ein Wasserspiel – ein Bachlauf oder Brunnen, eine Vogeltränke oder ein Teich. Pflanzen sie Kräuter und Blumen, die den Knochen, den Nieren, der Blase und den Ohren gut tun. Auch Pflanzen mit medizinischen oder aromatischen Eigenschaften, die Ängste beseitigen, sind hier richtig. Denken Sie auch an ein Symbol für den Winter.

Vorschläge für blaue Pflanzen

Für die Tiere – Buddleia, Flieder, Ysop
Für den Duft – Klematis
Fürs Auge – Blauer Scheinmohn, Glockenblumen
Für die Gesundheit – Borretsch, Veilchen, Vergissmeinnicht, Lavendel, Salbei, Rosmarin, Laucharten, Frauenmantel
Für den Geschmack – Thymian, Kohl, Artischocken, Damaszenerpflaumen
Für die Gestaltung – Bach mit Wasserfall, weich geschwungene Rabatte in Blautönen

---

Ein Garten zum Wohlfühlen

Ein archetypischer Garten, in dem viele traditionelle Ideen zusammenfließen, kann auf dem Naturkalender aufgebaut werden, der im Kapitel »Der Garten rund ums Jahr« vorgestellt wird. Jeder Himmelsrichtung und dem entsprechenden Teil des Gartens werden bestimmte Farben, Düfte, Klänge und elementare Materialien (Wasser, Erde, Holz, Feuer und Metall). Symbolische Dekorationen regen neben geeigneten Heilpflanzen Geist und Körper an. Wenn der Garten ein Refugium für die tägliche Meditation sein soll, besuchen Sie die einzelnen Bereiche im Wechsel, beschäftigen Sie sich mit der Natur und machen sie zu einem Bestandteil Ihres täglichen Lebens. Nehmen Sie sich dafür täglich eine halbe Stunde Zeit, vielleicht auch eine ganze, für zwei Besuche am Morgen und am Abend. Beobachten Sie wie sich die Natur – und damit auch Ihr eigenes Leben verändert. Sie werden sich bald gesünder und entspannter fühlen.

Nord-
osten

Erde und Gelb
Das Klima ist feucht
Lichtmess

Dem Nordosten ist Gelb, die Farbe der Erde zugeordnet. Hierher gehören rechteckige und horizontale Formen. Steinornamente, Statuen, Keramiktöpfe oder moosbewachsene Findlinge sind Symbole der Erde. Empfehlenswert sind Blumen, die Magen, Milz, Muskeln und Mund stärken, außerdem bieten sich Heilpflanzen an, die Sorge lindern. Im zeitigen Frühjahr sollte dieser Bereich des Gartens eine ruhige und gelassene Atmosphäre des Erwachens verströmen.

Vorschläge für gelbe Pflanzen

Für die Tiere – Geißblatt, Narzisse, Sumpfdotterblume, Sonnenblume, Goldraute

Für den Duft – Heiligenkraut, Goldlack, Zaubernuss

Fürs Auge – Primeln, Nelkenwurz

Für die Gesundheit – Nachtkerze, Ringelblume, Stiefmütterchen, Odermennig, Fenchel, Enzian

Für den Geschmack – Lorbeer, Kürbis, Liebstöckel

Für die Gestaltung – Statue oder Skulptur, die das Erwachen symbolisiert. Pfad aus quadratischen Platten zwischen niedrigen, eckigen Beeten und Kübelpflanzen.

Osten

Holz und Dunkelgrün
Das Klima ist windig
Frühlingsequinoxien

Der östliche Bereich des Gartens steht für Bewegung, ihm wird das Element Holz und die Farbe Dunkelgrün zugeordnet. Pflanzen Sie hier Gehölze, bauen Sie einen hölzernen Sitzplatz oder eine Beobachtungsplattform. Stühle oder Bänke, Pflanzkübel oder Fässer aus Holz passen ebenso hierher wie der Lagerplatz für das Kaminholz. Diese Himmelsrichtung wird mit dem Wind assoziiert, darum könnte ein Klang-Windspiel für eine heitere Note sorgen. Die Farbe Grün legt auch nahe, hier den Rasen anzulegen, auf dem man den Frühling mit vergnügten Spielen begrüßen kann.

Vorschläge für grüne Pflanzen und Gehölze

Für die Tiere – Stechpalme, Brennnesseln
Für den Duft – Zitronenmelisse, Mahonie
Fürs Auge – Efeu, Buchsbaum, Wurmfarn, Koniferen
Für die Gesundheit – Holunder, Angelika
Für den Geschmack – Breite Bohnen, Meerrettich, Stachelbeeren, Estragon
Für die Gestaltung – Hölzerner Sitzplatz mit Farnen vor einem Rankgitter. Beschnittener Buchsbaum im Kübeln. Robuster Rasen, im Halbkreis umpflanzt mit niedrigen Sträuchern. Windspiele aus Bambusstäben.

Süd-osten

Wind
Beltane-Fest

Der Südosten ist das Reich des helleren Grüns und auch hier gibt es Holz, dazu rechteckige Formen, junge Pflanzen und saftige, frische Triebe. Die sprühende Energie des Frühlings zeigt sich mit viel sprießendem Wachstum. Dazu passen Heilpflanzen, die günstig auf Leber, Gallenblase, Augen und Sehnen wirken sowie solche, die Zorn und Aggression mildern.

Vorschläge für junge und saftige Pflanzen

Für die Tiere – Bodendeckender Efeu (Hedera helix), Vogelmiere im Kübel

Für den Duft – Ziertabak, Nachtviole

Fürs Auge – Meerkohl, Akanthus, Funkien, Myrte

Für die Gesundheit – Basilikum, Rainfarn, Augentrost, Helmkraut

Für den Geschmack – Schnittlauch, Portulak, Sauerampfer, Endivie, Feldsalat

Für die Gestaltung – Ein duftender Sitzplatz aus einem rechteckigen Trog oder einem gemauerten Hochbeet, bepflanzt mit kriechender Kamille. Ein Beet mit Frühlingsblühern.

Süden

Feuer und Rot
Das Klima ist heiß
Sommersonnenwende

Der dem Süden zugewandte Teil des Gartens steht für das Feuer, die Farbe Rot sowie aufwärts gerichtete, spitze Formen. Flammen sind das ideale Symbol, darum ist dies der richtige Ort für den Grillplatz oder die Feuerstelle. Durch Lampen und reflektierende Oberflächen kann das Licht gezielt gerichtet werden, Prismen bündeln das Licht und senden es in klaren Strahlen wieder aus. Der Süden ist der Bereich für Heilpflanzen, die auf Herz, Blutgefäße, Dünndarm und Zunge wirken. Da der Sommer die Jahreszeit des Überflusses ist, sollte hier auch der Tisch für gesellige Mahlzeiten und Gartenfeste stehen. Der südliche Abschnitt des Gartens sprüht vor Leben: mit Farben, Düften und flackerndem Feuer.

Vorschläge für rote Pflanzen

Für die Tiere – blühende Dornensträucher, Quitte, Kirsche, Fetthenne, Poleiminze, Steinbrech

Für den Duft – Rosa x damascena, Duftpelargonie, Jasmin, Passionsblumen, Beifuß

Fürs Auge – Perückenstrauch, Hibiscus, Kamelie, Lichtnelke, Ackergauchheil

Für die Gesundheit – Sonnenhut, Fleißiges Lieschen, Bergamotte, Päonie, Hundsrose, Tausendgüldenkraut, Baldrian, Majoran, Thymian, Muskatellersalbei

Für den Geschmack – Tomaten, Stangenbohnen, Rote Johannisbeeren, Lollo Rosso

Für die Gestaltung – Feuerstelle oder gemauerter Grillplatz mit einer Kamillen-Bank an einer Seite und einer Steinbank auf der anderen, dazwischen ein Esstisch. Ein erhöhtes Beet.

Süd-westen

Erde und Orange
Das Klima ist feucht
Erntedankfest

Der Südwesten des Gartens hat eine besonders intensive Beziehung zur Erde, die sich in der Farbe Orange ausdrückt. Form und Bewegung sind hauptsächlich seitwärts gerichtet. Dem entsprechen bodendeckende Pflanzen, vor allem solche, die günstig auf Magen, Muskeln und Mund wirken. Es ist der Bereich des Spätsommers, und eine orangefarbene Frucht wäre das ideale Symbol. Auch ein Stein passt hierher, eine Skulptur oder eine Steinbank, auf der Sie Ruhe und Entspannung finden können.

Vorschläge für orangefarbene Pflanzen

Für die Tiere – Sumpfdotterblume, Winterling, Hahnenfuß
Für den Duft – Orangenblume, Heiligenkraut, Odermennig
Fürs Auge – Japanischer Ahorn, Montbretie »Lucifer«
Für die Gesundheit – Johanniskraut, Kapuzinerkresse, Zaubernuss
Für den Geschmack – Sonnenblume, Anis, Kapuzinerkresse, Schlüsselblume, Koriander
Für die Gestaltung – Ein Findling, eine Steinbank und ein Beet mit bodendeckendem Johanniskraut, Kapuzinerkresse und Montbretien.

Westen

Metall, Weiß & Silber
Das Klima ist trocken
Herbstequinoxien

Der westliche Teil des Gartens steht für das Element Metall und die Farben Weiß und Silber. Da das Metall mit trockenem Klima in Verbindung gebracht wird, ist dies der richtige Platz für ein Trockenbeet. Eine skulpturhafte Bodengestaltung in den Farben Weiß und Silber, etwa mit Kieseln oder Split und einzelnen dekorativen Fundstücken aus Metall. Als Kontrast zum organischen Holz-Sitzplatz passen Elemente des Zen-Gartens, der Kies könnte zu wellenförmigen Mustern geharkt werden. Helle, kristallin wirkende Findlinge sehen auf diesem Untergrund aus wie Inseln im Meer. Sie schaffen eine ruhige Atmosphäre, in der es leicht fällt, sich zu sammeln.

Vorschläge für weiße Pflanzen

Für die Tiere – Brombeere, Weißdorn

Für den Duft – Gardenie, Madonnenlilie, echter Jasmin, Winter-Geißblatt, Salomonssiegel

Fürs Auge – Schneeglöckchen, Glockenblumen, Tränendes Herz

Für die Gesundheit – Gänseblümchen, Hopfen, wilder Knoblauch, Kamille, Schafgarbe, Herbstzeitlose, Allium-Arten

Für den Geschmack – Süßdolde, Apfel

Für die Gestaltung – Äpfel an einem Spalier aus Schmiedeeisen, gesäumt von Weißdorn. Metall-Urnen und ein weißes Blumenbeet.

Nord-westen

Metall, Weiß & Gold
Das Klima ist trocken
Allerheiligen

Auch dem Nordwesten wird das Element Metall und die Farbe Weiß zugeordnet. Eine schmiedeeiserne Laube, umrankt von einer weißen Kletterrose oder einem Winter-Geißblatt, deutet auf das in sich gekehrte Wesen dieses Bereiches hin. Hierher gehören Metall in den Farben Gold oder Kupfer, Spiegel oder eine weiß bepflanzte Bronze-Urne, dazu Heilpflanzen, die kräftigend auf Lungen, Dickdarm, Haut und Nase wirken. Ihre Essenzen hellen die Stimmung auf, geben Mut und Selbstvertrauen. Dieser letzte Teil des Zyklus gibt allen anderen Elementen seine mineralische Nahrung. Darum ist der Nordwesten der Platz für den Komposthaufen, der die Basis für neues Leben schafft.

Tägliche Gartenmeditation

Legen Sie für eine tägliche Gartenmeditation Steine in der Form eines Medizinrades aus. Heben Sie nacheinander jeden Stein auf. Jeder Stein steht für ein Element und eine Himmelsrichtung. Nehmen Sie den Stein und tragen Sie ihn in den dazugehörigen Bereich des Gartens. Gehen Sie dort umher oder setzen Sie sich einen Moment lang. Graben, pflanzen oder jäten Sie. Die einfachste Möglichkeit, mit dem jeweiligen Element auf Fühlung zu gehen besteht darin, über seine Eigenschaften, seine Vorzüge und die Häufigkeit seines Vorkommens in der Natur nachzudenken. Machen Sie sich die Rolle bewusst, die das jeweilige Element in der Ordnung der Natur spielt. Dann legen Sie den Stein an seinen Platz zurück. Gehen Sie im Uhrzeigersinn zum nächsten Stein und wiederholen Sie den Vorgang. Wenden Sie sich zum Schluss den beiden Steinen in der Mitte mit ihren lebensspendenden Kräften zu. Sie stehen für Sonne und Mond, für Geist und Materie, ein Gebet gilt ihrer Vereinigung.

Register

Bildnachweis

Sarah Boait 81
Bruce Coleman Ltd/Kim Tayor 23 o/George McCarthy 31 ol/ Paul van Gaalen 27 ol
Andrea Jones 1, 13 ul, 25, 26 r, 32, 53 l, 64 ul, 96–97 r, 109, 121 ml, 123 ol
Flowers & Foliage 1, 2–3, 12–13 om, 63, 117 ol, ml
Garden Picture Library/John Ferro Sims 39 ml/ John Glover 6–7, 13 ol, Marijke Heuff 55/ Jacqui Hurst 36 ol/Mayer-Le Scanff 13 mr, 69 ol/ Howard Rice 36 ml, 51 ml
Glasgow Museum-Burrell Collection 92
John Glover 4–5, 43 ul, 48 ol, 103 r, 82–83, 114–115
Robert Harding Picture Library 93
Sunniva Harte-Merriments 10–11
Jerry Harpur 67, 76–77, 94, 101
Julia Hedgecoe 108 or
Gerald Hutton 80 ol, ul
Image Bank 13 om, omr
Images Colour Library 104–105, 106, 112
Michele Lamontagne 90 m, 111 u, 121 ol
Andrew Lawson 8–9, 17, 43 ml, 44, 47 ul, 49, 56, 59 or, 62 ur, 78 o, 108 ul, 121 ul/Ivan Hicks 117
Mise au Point 73 ul/Arnaud Descat 39 ol, ul, 51 ul, 69 ml/ Yann Monei 79
Natural Image-Bob Gibbons 13 m, 18, 21, 119 ml
Clive Nichols Photography 47 ol, 48 ul, 54 ml, 61 73 o, 102 o, 123 ul
Michael Paul 13 um, 69 ul, 78 um, 86 r, 87, 95, 100, 123 ml
Photos Horticultural 19 or, 45, 73 ml
Octopus Publishing Group Ltd./David Loftus 70–71, 43 ol, 54 om, 59 ol, ul/Peter Myers 23 u, 30 ul/Salvatore 110 ml/ Mark Winwood 12–13 um, 19 ul, 22 or, u, 26 ml, 31 ul, 37, 40, 53 r, 57, 62 ol, 64 o, 64, 98, 102 um, 110 ol, 111 o, 119
Science Photo Library – Gregory Sams 113
Howard Sooley 84–85
Nicola Stocken Tomkins 52
Werner Forman Archive 88–89, 91